Gakken

高校入試の
最重要問題

理科

改訂版

SCIENCE

目次

高校入試の最重要問題【理科】

物理分野

化学分野

生物分野

地学分野

環境分野

この本の使い方

この本は，ムダなく，効率よく高校入試対策をしたい受験生のための
過去問題集です。学習進度やレベルに合わせて，解く問題が選べます。
自分に合った使い方で効率よく力をつけて，合格を勝ち取ってください。
応援しています!

本書の構成

本書は、分野ごとに

弱点チェック ＋ 項目別「まとめページ＋実戦トレーニング」

で構成されています
以下、本書のおすすめの使い方を紹介していきます。

1 出る順に解く。

この本は，出題頻度順に項目を配列してあります。よく出る項目を優先して解くことができるので，効率よく力がつきます。各項目の始めには，重要点をまとめた「まとめページ」があります。問題を解く前に読んでおくと効果的です。

● 各項目の出題率です。
● よく出る問題形式など，入試情報がのっています。

2 ニガテな項目を確認する。

各分野の始めには，一問一答の「弱点チェック」があります。
まずこのページで，自分のニガテな項目はどこかをチェックしましょう。ニガテな項目があったら，優先的にその項目を勉強して，ニガテを克服しておきましょう。

3 「お急ぎ」マークを解く。

特によく出る重要な問題には，＝お急ぎ！ マークがついています。時間のない人や，入試直前に総復習をするときは，優先的にこの問題に取り組むと効率よく学習できます。

4 正答率の高い問題から解く。 正答率 75.0%

正答率が高い問題は，多くの受験生が正解している基礎的な問題です。みんなが解ける問題は，確実に解けるようにしておきましょう。

5 正答率の低い問題を解く。 正答率 30.0%

基礎が定着してきたら，低正答率の問題や，ハイレベル問題〔HIGH LEVEL〕に挑戦すればレベルアップ！みんなに差をつけましょう。

6 まとめページを再確認する。

問題についている↪マークは，「まとめページ」の番号とリンクしています。わからない問題があったらこのページにもどって復習しましょう。

別冊 解答と解説

別冊の解答と解説は巻末から取り外して使います。
詳しい解説やミス対策が書いてあります。
間違えた問題は解説をよく読んで，確実に解けるようにしましょう。

高校入試問題の掲載について　・問題の出題意図を損なわない範囲で，解答形式を変更したり，問題の一部を変更・省略したりしたところがあります。
・問題指示文，表記，記号などは全体の統一のため，変更したところがあります。
・解答・解説は，各都道府県発表の解答例をもとに，編集部が制作したものです。
・出題率は，各都道府県発表の情報をもとに，編集部が制作したものです。

ダウンロード特典について

1 「リアル模試」を本番さながらに解いてみよう!

本書の巻末には模擬試験が2回分ついていますが,「まだ解き足りない!」「最後の仕上げをしたい!」という人のために,「本番形式」(本番に近いサイズ,解答用紙つき)の「リアル模試」1回分をダウンロードできるようにしました。
静かな場所で,時間を計って,本番さながらの環境で取り組んでみましょう。解答解説もあります。

2 他教科の「弱点チェック」ができる!

「高校入試の最重要問題」シリーズの各教科(数学・英語・社会・国語)の「弱点チェック」問題をダウンロードして解くことができます(英語は文法編のみ)。解いてみて不安な部分があれば,他教科の「最重要問題」シリーズで学習しましょう!

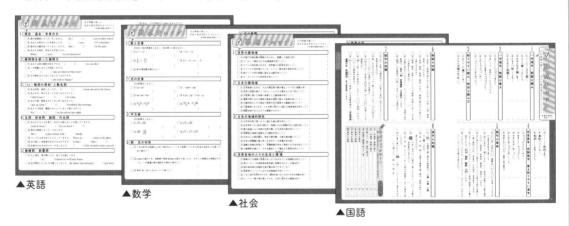

▲英語　　▲数学　　▲社会　　▲国語

URL **https://gbc-library.gakken.jp/**

上記URLにアクセスして,GakkenIDでログイン後(お持ちでない方はGakkenIDの取得が必要になります),以下のID, PWを登録すると上記特典(リアル模試,他教科弱点チェック)をご覧になれます。

[ID] b7fm3　　[PW] fnrxdu6p

※IDとパスワードの無断転載・複製を禁じます。サイトアクセス・ダウンロード時の通信料はお客様のご負担になります。
　サービスは予告なく終了する場合があります。

物理分野

✓ 弱点チェック

次の問題を解いて，
自分の弱点項目をみつけよう！
➡ 解答・解説は別冊2ページ

1 仕事とエネルギー

- □ ① 2 N の力で物体を 3 m 引き上げた。仕事の大きさは何 J ? 　　[　　　　　]
- □ ② 300 J の仕事を 30 秒間で行ったときの仕事率は何 W ? 　　[　　　　　]
- □ ③ 位置エネルギーと運動エネルギーの和を何という ? 　　[　　　　　]
- □ ④ 光や赤外線による熱の伝わり方を何という ? 　　[　　　　　]

2 力による現象・水圧と浮力

- □ ① 3 N の力を加えると 5 cm のびるばねがある。9 N の力を加えるとばねののびは何 cm ?

  [　　　　　]
- □ ② 2 力がつり合っているとき，2 力の大きさはどうなっている ? 　　[　　　　　]
- □ ③ 水圧は，水面からの深さが深いほど，〔大きい，小さい〕。
- □ ④ ある物体をばねばかりにつるすと 3 N を示した。この物体全体を水中に沈めると，ばねば
  かりは 2 N を示した。この物体にはたらく浮力は ? 　　[　　　　　]

3 電気回路

- □ ① 電圧計は，電圧をはかりたい区間に〔直列，並列〕につなぐ。
- □ ② 電流の大きさが回路のどの部分でも等しいのは，〔直列回路，並列回路〕。
- □ ③ 図1の回路で，a，b を流れる電流の大きさは何 A ?

  a[　　　　　] 　 b[　　　　　]
- □ ④ 5 Ω の電熱線が 2 つ直列につながっているとき，全体の
  抵抗の大きさは何 Ω ? 　　[　　　　　]

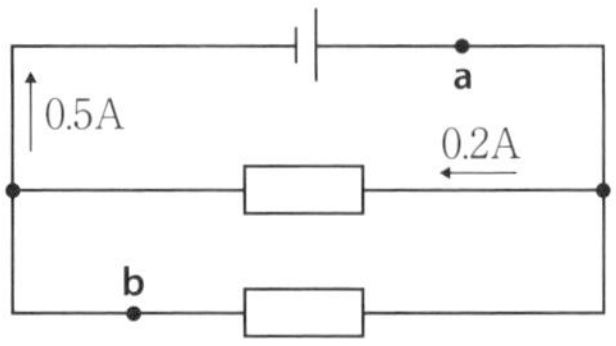

図1

0.5A　　　　　　　　a
　　　　　　　　　0.2A

b

4 光による現象

- □ ① 図2で，a が 60°のとき，b は何° ? 　　[　　　　　]
- □ ② 光が空気中から水中へ進むとき，入射角〔>，<〕屈折角。
- □ ③ 光が水中から空気中へ進むとき，境界面で光がすべて反射される
  現象を何という ? 　　[　　　　　]
- □ ④ 物体が凸レンズの焦点の内側にあるとき，凸レンズを通して見える像を何という ?

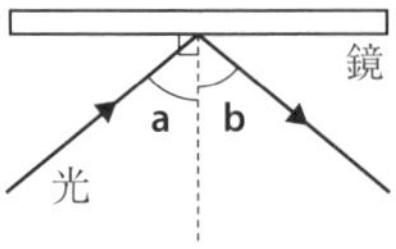

  [　　　　　]

図2

鏡

a　b

光

5 電流と磁界・静電気と電流

- □ ① 導線に流れる電流が大きくなると，導線のまわりの磁界は〔強く，弱く〕なる。
- □ ② 磁界の向きと電流の向きの両方を逆にすると，電流が磁界から受ける力の向きはどうなる ?

  [　　　　　]
- □ ③ コイルの中の磁界が変化すると，コイルの両端に電圧が生じ，電流が流れる現象を何とい
  う ? 　　[　　　　　]

6 (電力・電流による発熱)

☐ ① 電熱線の両端に 5 V の電圧を加えると 0.3 A の電流が流れた。このとき，電熱線が消費した電力は何 W？　　　　　　　　　　　　　　　　　　　　　　　[　　　　　　　]

☐ ② 500 W の電気ポットを 5 分間使ったときの電力量は何 J？　　　[　　　　　　　]

☐ ③ 消費電力が 6 W のヒーターの両端に，2 分間電流を流したとき，電流による発熱量は何 J？
　　　　　　　　　　　　　　　　　　　　　　　　　　　　　　[　　　　　　　]

7 (物体の運動)

☐ ① 時間の変化にともなって，刻々と変化する速さを何という？　　[　　　　　　　]

☐ ② 物体に力がはたらいていないとき，物体は一定の速さで一直線上を移動する。この運動を何という？　　　　　　　　　　　　　　　　　　　　　　　　　[　　　　　　　]

☐ ③ 物体に力がはたらかないときや，力がつり合っているとき，静止している物体は静止し続け，運動している物体は等速直線運動を続けるという法則は何？　　[　　　　　　　]

8 (力の合成と分解・作用・反作用)

☐ ① 一直線上にあり，同じ向きの 2 力の合力の大きさは，2 力の大きさの何になる？
　　　　　　　　　　　　　　　　　　　　　　　　　　　　　　[　　　　　　　]

☐ ② 一直線上にない 2 力の合力は，2 つの力を 2 辺とする平行四辺形の何になる？
　　　　　　　　　　　　　　　　　　　　　　　　　　　　　　[　　　　　　　]

☐ ③ 1 つの力をそれと同じはたらきをする 2 力に分けることを何という？　[　　　　　　　]

☐ ④ 斜面上にある物体にはたらく重力の斜面に平行な分力は，斜面の傾きが大きくなると，
〔大きく，小さく〕なる。

9 (音による現象)

☐ ① 音源が 1 秒間に振動する回数を何という？　　　　　　　　　[　　　　　　　]

☐ ② 音の大小は何によって決まる？　　　　　　　　　　　　　　[　　　　　　　]

☐ ③ 音の高低は何によって決まる？　　　　　　　　　　　　　　[　　　　　　　]

弱点チェックシート

正解した問題の数だけ塗りつぶそう。
正解の少ない項目があなたの弱点部分だ。

弱点項目から取り組む人は，このページへGO！

仕事とエネルギー

1 仕事

1 仕事…物体に加えた力と，力の向きに動いた距離の積で表す。単位はジュール〔J〕。

> **仕事〔J〕＝力の大きさ〔N〕×力の向きに動いた距離〔m〕**

2 仕事率…単位時間にする仕事の大きさ。
単位は**ワット〔W〕**。

> $$仕事率〔W〕＝\frac{仕事〔J〕}{仕事にかかった時間〔s〕}$$

3 仕事の原理…道具を使っても，使わなくても，
仕事の大きさは変わらない。

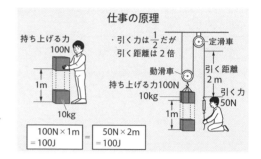

仕事の原理

持ち上げる力 100N / 1m / 10kg

・引く力は $\frac{1}{2}$ だが
引く距離は2倍

定滑車 / 動滑車 / 持ち上げる力100N / 10kg / 引く距離 2m / 引く力 50N / 1m

$100N×1m = 100J$ ＝ $50N×2m = 100J$

2 力学的エネルギー

1 エネルギー…物体がほかの物体に対して仕事ができる状態にあるとき，「エネルギーをもっている」という。**エネルギーの単位➡ジュール〔J〕**で，仕事の単位と同じ。

❶ 位置エネルギー…高いところにある物体がもつエネルギー。**位置が高いほど，質量が大きいほど大きい。**

❷ 運動エネルギー…運動している物体がもつエネルギー。**速さが大きいほど，質量が大きいほど大きい。**

2 力学的エネルギー…位置エネルギーと運動エネルギーの和。位置エネルギーと運動エネルギーはたがいに移り変わっても，その和は一定に保たれる。→ **力学的エネルギーの保存**

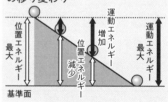

斜面を下る球の力学的エネルギーの移り変わり

位置エネルギー最大 / 運動エネルギー / 増加 / 位置エネルギー / 減少 / 運動エネルギー最大 / 基準面

3 いろいろなエネルギー

1 いろいろなエネルギー…電気エネルギー，光エネルギー，熱エネルギーなど。

2 エネルギー保存の法則…エネルギーはたがいに移り変わっても，エネルギーの総量は変化しない。

3 熱の伝わり方

❶ 伝導（熱伝導）…物体が接しているとき，高温の部分から低温の部分へ熱が移動する。

❷ 対流…あたためられた物質が移動して熱が伝わる。

❸ 放射（熱放射）…光や赤外線による熱の伝わり方。

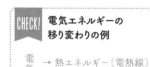

CHECK! 電気エネルギーの移り変わりの例

電気エネルギー
→ 熱エネルギー〔電熱線〕
→ 光エネルギー〔電球〕
→ 音エネルギー〔スピーカー〕
→ 運動エネルギー〔扇風機〕

伝導 / 対流 / 放射

入試データ 仕事と仕事率の問題が多い。特に道具を使ったときの仕事は十分に理解しておこう。

実戦トレーニング

➡ 解答・解説は別冊2ページ

1 お急ぎ！ 右の図のように，質量2 kgの2つの物体を，次の2つの方法でそれぞれ高さ3 mまでゆっくりと引き上げる。質量が100 gの物体にはたらく重力の大きさを1 Nとして，あとの各問いに答えなさい。ただし，ひもの重さおよび物体と斜面との間の摩擦は考えないものとする。⤴**1** 〔佐賀県〕

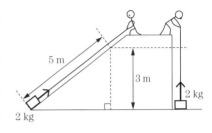

・物体を真上に引き上げる。　・物体を斜面に沿って引き上げる。

(1)物体を真上に3 m引き上げるのに必要な仕事は何Jか，書きなさい。

　[　　　　　　　　]

(2)物体を斜面に沿って5 m引き上げるときの引く力の大きさは何Nか，書きなさい。

　[　　　　　　　　]

2 次の実験について，あとの各問いに答えなさい。⤴**2** 〔和歌山県〕

【実験】「小球の位置エネルギーと運動エネルギーについて調べる実験」

① レールを用意し，小球を転がすためのコースをつくった(**図1**)。

② BCを高さの基準(基準面)として，高さ40 cmの点Aより数cm高いレール上に小球を置き，斜面を下る向きに小球を指で押し出した。小球はレールに沿って点A，点B，点Cの順に通過して最高点の点Dに達した。

図1　小球が運動するコース

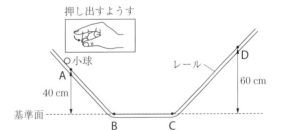

(1)位置エネルギーと運動エネルギーの和を何というか，書きなさい。

[　　　　　　　　　　　]

(2)**図2**は，レール上を点A～点Dまで運動する小球の位置エネルギーの変化のようすを表したものである。このときの点A～点Dまでの小球の運動エネルギーの変化のようすを，**図2**にかき入れなさい。ただし，空気の抵抗や小球とレールの間の摩擦はないものとする。

図2　小球の位置エネルギーの変化のようす

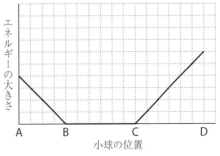

3

物体を引き上げるときの仕事について調べるために，滑車とばねばかり，質量200gの物体を用いて，次の実験1〜3を行った。表は，この実験の結果をまとめたものである。これについて，あとの各問いに答えなさい。ただし，質量100gの物体にはたらく重力の大きさを1Nとし，糸と滑車の質量，糸ののび，糸と滑車の摩擦は考えないものとする。⤴**1,2**

高知県

【実験1】図1のように，糸の一方の端に物体をつけ，糸のもう一方の端にばねばかりをとりつけた。物体をゆっくりと一定の速さで10cmの高さまで引き上げ，このときの糸を引く力の大きさと糸を引く距離を調べた。

【実験2】図2のように，糸の一方の端に物体をつけ，その糸をスタンドに固定した定滑車にかけ，もう一方の端にばねばかりをとりつけた。物体をゆっくりと一定の速さで10cmの高さまで引き上げ，このときの糸を引く力の大きさと糸を引く距離を調べた。

【実験3】図3のように，糸の一方の端をスタンドに固定し，その糸を物体をつけた動滑車にかけ，もう一方の端にばねばかりをとりつけ，物体をゆっくりと一定の速さで10cmの高さまで引き上げ，このときの糸を引く力の大きさと糸を引く距離を調べた。

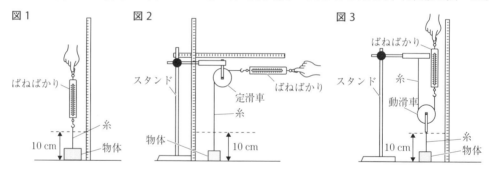

	糸を引く力の大きさ〔N〕	糸を引く距離〔cm〕
実験1	2	10
実験2	2	10
実験3	1	20

(1) 糸を引く力がした仕事について，実験1の仕事の大きさを*A*，実験2の仕事の大きさを*B*，実験3の仕事の大きさを*C*とするとき，*A*，*B*，*C*の大小関係として適切なものを，次の**ア**〜**エ**の中から1つ選び，その記号を書きなさい。[　　　　]

　ア *A*>*B*>*C*　　**イ** *A*=*B*>*C*　　**ウ** *A*=*B*<*C*　　**エ** *A*=*B*=*C*

正答率 **25.6%**

(2) 実験1において，物体が引き上げられ動いている間の，物体のもつ運動エネルギーの大きさと力学的エネルギーの大きさについて述べた文として適切なものを，次の**ア**〜**エ**の中から1つ選び，その記号を書きなさい。　　　[　　　　]

ア 運動エネルギーはしだいに小さくなるが，力学的エネルギーはしだいに大きくなる。

イ 運動エネルギーはしだいに小さくなるが，力学的エネルギーは一定である。

ウ 運動エネルギーは一定であるが，力学的エネルギーはしだいに大きくなる。

エ 運動エネルギーも力学的エネルギーも，一定である。

正答率 32.0%
(3) 実験1，2の結果から，定滑車にはどのようなはたらきがあるとわかるか，「糸を引く力の大きさ」，「糸を引く距離」，「力の向き」の3つの言葉を使って，書きなさい。

[　　　　　　　　　　　　　　　　　　　　　　　　　　　　　　]

正答率 5.4%
(4) 実験3において，ばねばかりが糸を引き上げた速さは5 cm/sであった。このときの仕事率は何Wか。　　　　　　　　　　　　　　[　　　　　]

正答率 5.4%
(5) 建設現場などで使われるクレーンでは，定滑車と動滑車を用いて，小さい力で重いものを持ち上げる工夫がされている。**図4**は，あるクレーンの内部を模式的に表したものである。このクレーンは，3つの定滑車と3つの動滑車が1本のワイヤー**A**でつながれ，3つの動滑車は棒で連結されていて，棒はワイヤー**A**を引くと水平面と平行な状態のまま上昇する。このクレーンで，質量120 kgの荷物を水平面から3 mの高さまでゆっくりと一定の速さで引き上げるときの，ワイヤー**A**を引く力の大きさは何Nか。また，ワイヤー**A**を引く距離は何mか。ただし，ワイヤーと滑車と棒の質量，ワイヤーののび，ワイヤーと滑車の摩擦は考えないものとする。

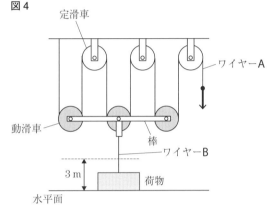

図4

定滑車

ワイヤーＡ

動滑車

棒

ワイヤーＢ

3 m　荷物

水平面

　　　　　　　　力の大きさ[　　　　　]　　距離[　　　　　]

4 次の①～③の現象をそれぞれ何というか。次の**ア**～**カ**の中から言葉の組み合わせとして適切なものを1つ選び，その記号を書きなさい。↩**3**　　　　岐阜県

[　　　　　]

① 物質が移動して全体に熱が伝わる現象

② 物質が移動せずに熱が伝わる現象

③ 熱源から空間をへだてて離れたところまで熱が伝わる現象

ア ① 対流　② 伝導　③ 放射　　**イ** ① 伝導　② 対流　③ 放射

ウ ① 放射　② 伝導　③ 対流　　**エ** ① 対流　② 放射　③ 伝導

オ ① 伝導　② 放射　③ 対流　　**カ** ① 放射　② 対流　③ 伝導

2 力による現象・水圧と浮力

1 力のはたらき

1 力のはたらき

❶物体を変形させる。　❷物体の動きを変える。

❸物体を支える。

2 力の大きさ…単位は**ニュートン〔N〕**。

▶1N…約100gの物体にはたらく重力の大きさと等しい。

3 フックの法則…ばねののびは，ばねを引く力の大きさに**比例**する。
↳ばね全体の長さではない。

4 質量…場所が変わっても変化しない**物質そのものの量**。単位はグラム〔g〕やキログラム〔kg〕。

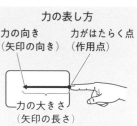

力の表し方

5 重力の大きさ(重さ)…場所によって変化する。

▶**重力**…地球などが，その中心に向かって物体を引く力。

6 力の表し方…矢印を使って表す。

▶**力の大きさ，向き，作用点**(力がはたらく点)を矢印で表す。
↳重力の作用点は物体の中心とする。

2 力のつり合い

1 力のつり合い…1つの物体に2つ以上の力がはたらいていて，物体が動かないとき，物体にはたらく力は**つり合っている**という。

2 2力がつり合う条件

❶2力は**一直線上**にある。

❷2力の向きは**反対**である。

❸2力の大きさは**等しい**。

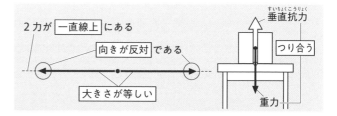

3 水圧と浮力

1 水圧…水による**圧力**。水中の物体より上にある水の重力によって生じる。

❶水面からの**深さが深いほど大きい**。

❷**あらゆる方向**からはたらく。

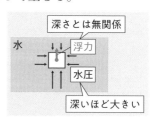

2 浮力…水中にある物体にはたらく上向きの力。

❶物体の水中にある部分の**体積が大きいほど大きい**。

❷物体全体が水中にあるとき，水面からの**深さ**によって**変化しない**。

浮力の大きさ＝空気中でのばねばかりの値ー水中でのばねばかりの値

入試データ ばねにつるした物体を水に沈めていく問題が多い。浮力と物体の体積の関係を理解しよう。

［実戦トレーニング］

➡ 解答・解説は別冊3ページ

1 右の図のように，長さが7cmであるばねに，質量150gのおもりをつるしたところ，ばねの長さは10cmになって静止した。このばねを1cmのばすとき，必要な力の大きさは何Nか，書きなさい。ただし，質量100gの物体にはたらく重力の大きさを1Nとする。また，ばねは，フックの法則に従うものとし，その質量は考えないものとする。↩**1**

正答率 **67.2**%

千葉県

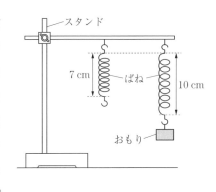

[   ]

2 力のはたらきとばねののびについて調べるために，ばねを用いて次の実験を行った。これについて，あとの各問いに答えなさい。ただし，100gの物体にはたらく重力の大きさを1Nとし，ばねの質量は考えないものとする。↩**1**

高知県

【実験】**図1**のように，ばねに1個10gのおもりをつるし，おもりが静止したあと，ばねののびを測定した。**図2**は，おもりの数を1個ずつふやしていき，得られた結果をもとにグラフにまとめたものである。

図1

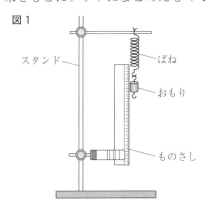

図2

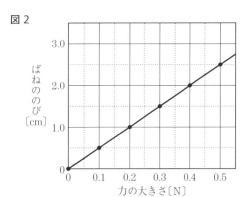

(1) 実験で，おもりをつるすとばねがのびたのは，力の「物体を変形させる」というはたらきによるものである。力には大きく3つのはたらきがある。「物体を変形させる」というはたらきと「物体を支えたり持ち上げたりする」というはたらきのほかに，どのようなはたらきがあるか，簡潔に書きなさい。

[   ]

正答率 **5.3**%

(2) 実験で使ったばねに物体Xをつるすと，ばねののびが4.5cmになった。物体Xの質量は何gか。

[   ]

3 浮力に関する次の各問いに答えなさい。ただし，糸の質量と体積は考えないものとする。↩**2, 3**

【実験1】重さ0.84 Nの物体Xと重さ0.24 Nの物体Yを水に入れたところ，図1のように，物体Xは沈み，物体Yは浮いて静止した。

【実験2】　図2のように，物体Xとばねばかりを糸でつなぎ，物体Xを水中に沈めて静止させたところ，ばねばかりの示す値は0.73 Nであった。次に，図3のように，物体X，Y，ばねばかりを糸でつなぎ，

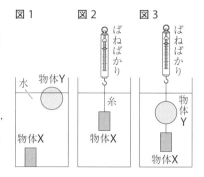

物体X，Yを水中に沈めて静止させたところ，ばねばかりの示す値は0.64 Nであった。

(1) 次の①，②のア～ウの中から，適切なものを1つずつ選び，その記号を書きなさい。

①[　　　]　②[　　　]

　　図1で，物体Xにはたらく，浮力の大きさと重力の大きさを比べると，

①{ア　浮力が大きい　　イ　重力が大きい　　ウ　同じである}。

　　図1で，物体Yにはたらく，浮力の大きさと重力の大きさを比べると，

②{ア　浮力が大きい　　イ　重力が大きい　　ウ　同じである}。

(2) 図3で，物体Yにはたらく浮力の大きさは何Nか。　　　　　　　　[　　　　　　　　]

4 ばねを用いて実験を行った。これについて，次の各問いに答えなさい。ただし，100 gの物体にはたらく重力の大きさを1 N，水の密度を1.0 g/cm³とし，糸とばねの質量や体積は考えないものとする。↩**1, 3**

お急ぎ！

【実験】図1のように，何もつるさないときのばねの端の位置を，ものさしに印をつけた。次に，図2のように，底面積が16 cm²の直方体で重さが1.2 Nの物体Aをばねにつるし，水を入れたビーカーを持ち上げ，物体Aが傾いたり，ばねが振動したりすることのないように，物体Aを水中に沈めたときの，ばねののびを測定した。図2のxは，物体Aを水中に沈めたときの，水面から物体Aの底面までの深さを示しており，表は，実験の結果をまとめたものである。

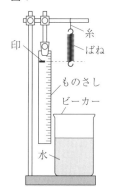
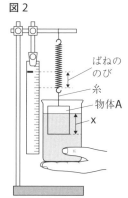

深さx〔cm〕	0	1.0	2.0	3.0	4.0	5.0	6.0	7.0
ばねののび〔cm〕	6.0	5.2	4.4	3.6	2.8	2.0	2.0	2.0

(1) 表をもとに，深さ x とばねののびの関係を右
のグラフにかきなさい。なお，グラフの縦軸
には適切な数値を書きなさい。

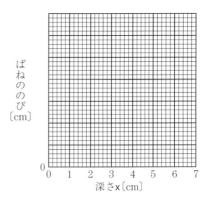

ばねののび〔cm〕

深さx〔cm〕

(2) 物体 A の密度は何 g/cm³ か。[   ]

(3) 実験で，物体 A を水中にすべて沈めたとき，
物体 A にはたらく水圧の向きと大きさを模式
的に表したものとして最も適切なものを，次
の**ア～オ**の中から１つ選び，その記号を書き
なさい。ただし，矢印の向きは水圧のはたらく向きを，矢印の長さは水圧の大き
さを表している。   [   ]

ア 　イ 　ウ 　エ 　オ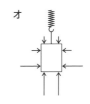

(4) 深さ x が 4.0 cm のとき，物体 A にはたらく浮力の大きさは何 N か。

[   ]

(5) 次の▢の①，②にあてはまる正しい組み合わせを，あとの**ア～エ**の中から１
つ選び，その記号を書きなさい。   [   ]

　実験の結果から，物体 A が水中に沈んだときにはたらく浮力の向きは ① 向
きで，その大きさは，物体 A の水中にある部分の体積が増すほど ② なること
がわかった。

ア ①下　②小さく　　**イ** ①下　②大きく
ウ ①上　②小さく　　**エ** ①上　②大きく

HIGH LEVEL (6) **図3**のように，密度が物体 A と同じ
で１辺の長さが 4.0 cm の立方体であ
る物体 B，動滑車，糸，実験と同じ
ばねを用いて，実験と同じ操作を行
った。**図4**の y は，物体 B を水中に
沈めたときの，水面から物体 B の底
面までの深さを示している。ただし，
動滑車や糸の質量，摩擦は考えない
ものとする。

図3　**図4**

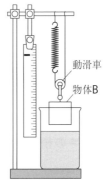　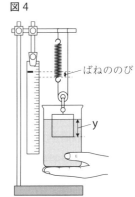

動滑車
物体B

ばねののび

y

① 深さ y が 4.0 cm のとき，物体 B にはたらく浮力の大きさは何 N か。

[   ]

② 深さ y が 4.0 cm のとき，ばねののびは何 cm か。　　[   ]

出題率 **40%**

3 電気回路

1 回路

1 電流…電流は，電源の＋極から出て－極に入る向きに流れる。

▶電流の単位は**アンペア〔A〕**や**ミリアンペア〔mA〕**。1 A = 1000 mA。

2 電圧…回路に電流を流そうとするはたらき。電圧の単位は**ボルト〔V〕**。

3 電流計，電圧計のつなぎ方…電流計は測定したい点に**直列**につなぎ，電圧計は測定したい部分に**並列**につなぐ。

▶電流計や電圧計の示す値は最小目盛りの$\frac{1}{10}$まで目分量で読みとる。

4 直列回路…どの点でも**電流の大きさは等しく**，各区間に加わる**電圧の和が電源の電圧と等しい**。

> 電流の流れる道すじが1本。

電流…$I = I_1 = I_2$
電圧…$V = V_1 + V_2$

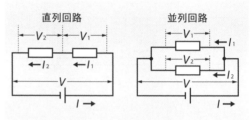

5 並列回路…枝分かれする前の電流の大

> 電流の流れる道すじが枝分かれしている。

きさは**枝分かれしたあとの電流の和に等しく**，各区間に加わる**電圧は同じ**で，電源の**電圧に等しい**。

電流…$I = I_1 + I_2$
電圧…$V = V_1 = V_2$

2 電圧と電流の関係

1 オームの法則…抵抗器などを流れる**電流の大きさ**は，加える**電圧に比例**する。

電圧〔V〕＝抵抗〔Ω〕×電流〔A〕

$$抵抗〔Ω〕＝\frac{電圧〔V〕}{電流〔A〕} \qquad 電流〔A〕＝\frac{電圧〔V〕}{抵抗〔Ω〕}$$

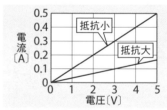

▶**抵抗（電気抵抗）**…電流の流れにくさ。抵抗の単位は**オーム〔Ω〕**。

2 直列回路・並列回路での全体の抵抗

❶直列回路…回路全体の抵抗の大きさは**各抵抗の大きさの和**。

$$R = R_1 + R_2$$

❷並列回路…回路全体の抵抗はそれぞれの抵抗より小さい。

$$\frac{1}{R} = \frac{1}{R_1} + \frac{1}{R_2} \quad (R < R_1, \ R < R_2)$$

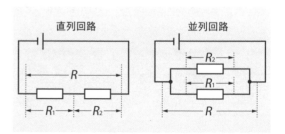

入試データ 直列回路や並列回路の各区間の電圧，電流に関する計算問題がよく出題される。

［実戦トレーニング］

➡ 解答・解説は別冊4ページ

1 回路における電流，電圧，電気抵抗について調べるために，次の実験①，②，③を順に行った。これについて，あとの各問いに答えなさい。ただし，抵抗器以外の電気抵抗を考えないものとする。↪**1,2**

栃木県

【実験】① **図1**のように，抵抗器**X**を電源装置に接続し，電流計の示す値を測定した。

② **図2**のように回路を組み，10 Ωの抵抗器**Y**と，電気抵抗がわからない抵抗器**Z**を直列に接続した。その後，電源装置で5.0 Vの電圧を加えて，電流計の示す値を測定した。

③ **図3**のように回路を組み，スイッチ**A**，**B**，**C**と電気抵抗が10 Ωの抵抗器をそれぞれ接続した。閉じるスイッチによって，電源装置で5.0 Vの電圧を加えたときに回路に流れる電流の大きさがどのように変わるのかについて調べた。

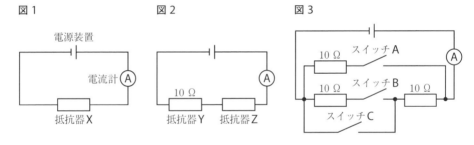

図1　　　　　図2　　　　　図3

正答率
90.6%

(1) 実験①で，電流計が**図4**のようになったとき，電流計の示す値は何mAか。［　　　　　］

図4

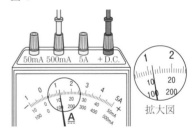

拡大図

正答率
79.3%
電圧

(2) 実験②で，電流計が0.20 Aの値を示したとき，抵抗器**Y**に加わる電圧は何Vか。また，抵抗器**Z**の電気抵抗は何Ωか。

電圧［　　　　　］
電気抵抗［　　　　　］

正答率
22.7%
電流

(3) 実験③で，電流計の示す値が最も大きくなる回路にするために，閉じるスイッチとして適切なものを，次の**ア〜エ**の中から1つ選び，その記号を書きなさい。また，そのときの電流の大きさは何Aか。

記号［　　　　］　　電流［　　　　　　］

ア スイッチ**A**

イ スイッチ**B**

ウ スイッチ**A**と**B**

エ スイッチ**A**と**C**

2 電熱線 a，b を用いて，次の実験1～3を行った。これについて，あとの各問いに答えなさい。↩**1，2**

お急ぎ！

北海道

【実験1】 図1のような回路をつくり，電熱線 a の両端に電圧を加え，電圧計の示す電圧と，電流計の示す電流の大きさを調べた。次に，電熱線 a を電熱線 b にかえ，同じように実験を行った。図2は，このときの結果をグラフに表したものである。

【実験2】 図3のように電熱線 a，b をつないだ回路をつくり，電圧計の示す電圧と電流計の示す電流の大きさを調べた。

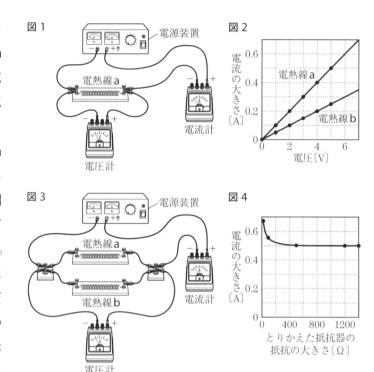

【実験3】 図3の電熱線 b を抵抗の大きさがそれぞれ 30 Ω，100 Ω，500 Ω，1200 Ω，1400 Ω の別の抵抗器にとりかえ，電熱線 a と抵抗器の両端に 5 V の電圧を加え，とりかえた抵抗器の抵抗の大きさと電流計を流れる電流の大きさとの関係を調べると，図4のようになった。

(1)実験1について，次の①，②に答えなさい。

正答率 **49.9%**

①図5に，電気用図記号をかき加えて，図1の回路のようすを表す回路図を完成させなさい。

正答率 **83.5%**

②図2のグラフから，電熱線 a，b の電圧が同じとき，a の電流の大きさは b の何倍か。［　　　　　　　］

(2)実験2について，次の①，②に答えなさい。

正答率 **23.6%**

①図3の回路について，電圧計の示す電圧と電流計の示す電流の大きさとの関係をグラフにかきなさい。その際，横軸，縦軸には目盛りの間隔(1目盛りの大きさ)がわかるように目盛りの数値を書き入れ，グラフの線はグラフ用紙の端から端まで引くこと。

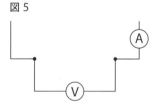

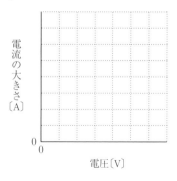

20

正答率 16.6%

②**図3**の回路に次の**ア～エ**のように豆電球をつなぎ，電源の電圧を同じにして豆電球を点灯させたとき，**ア～エ**を豆電球の明るい順に並べて記号で書きなさい。

［　　　　→　　　　→　　　　→　　　　］

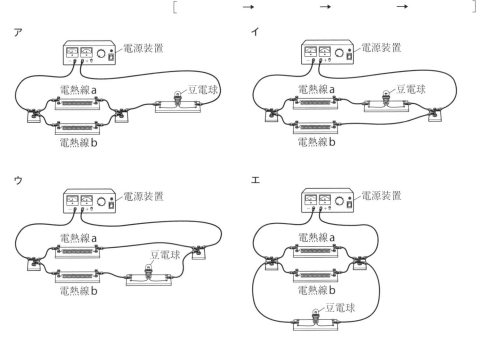

正答率 11.1%

(3)実験3について，次の文の　①　にあてはまる数値を書きなさい。また，　②　にあてはまる言葉を書きなさい。

①［　　　　　　　　］

②［　　　　　　　　　　　　　　　　　　　　　　　］

図4のグラフで，とりかえる抵抗器の抵抗を大きくしていくと，電流計を流れる電流の大きさが一定になった理由は，電熱線 **a** を流れる電流は　①　A であるのに対して，　　　②　　　からと考えられる。

3

HIGH LEVEL

スマートフォンなどに使用されているタッチパネルでは，回路を流れる電流の変化を利用して，接触した位置を特定している。10 Ω の抵抗器 **a**，15 Ω の抵抗器 **b** を用いて右の図の回路をつくり，電源装置の電圧を 3.9 V にしたとき，電流計は 130 mA を示した。次に P と X，Y，Z のいずれかを接続すると，電流計は 390 mA を示した。P は X，Y，Z のうちのどこに接続されたか，記号で書きなさい。⤶**2**　［岐阜県・改］

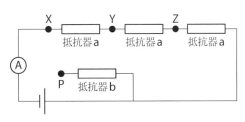

［　　　　　　］

出題率 **40%**

4 光による現象

1 光の直進と反射

1 光の直進…光源から出た光は，四方八方に向かって**直進する**。

2 光の反射…鏡などに光が当たって反射するとき，**入射角と反射角は等しくなる**。

▶鏡に映った**像**は，鏡の面に対して，物体と**対称の位置**にある。

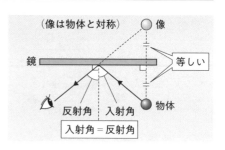

（像は物体と対称）

鏡　等しい　像　反射角　入射角　物体

入射角 ＝ 反射角

2 光の屈折

1 光は，種類のちがう**物質**に進むとき，その境界面で**屈折する**。

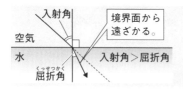

入射角　境界面から遠ざかる。　空気　水　入射角＞屈折角　屈折角

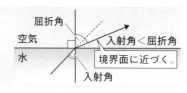

屈折角　空気　水　入射角＜屈折角　境界面に近づく。　入射角

CHECK! 全反射

光が，水（ガラス）中から空気中へ進むときは，入射角がある角度以上になると，境界面ですべて反射する。

3 凸レンズによってできる像

1 焦点…光軸に平行な光が，凸レンズを通過後に集まる点。凸レンズの中心から焦点までの距離を**焦点距離**という。→凸レンズの中心を通り，レンズの面に垂直な軸　焦点に物体があるときには像ができない。

2 凸レンズを通った光の道すじ

❶光軸に平行な光➡**焦点を通る**。

❷凸レンズの中心を通る光➡**そのまま直進する**。

❸焦点を通る光➡**光軸に平行に進む**。

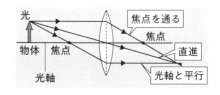

光　焦点を通る　焦点　物体　焦点　直進　光軸　光軸と平行

3 実像…物体が**焦点の外側**にあるとき，凸レンズで屈折した光が集まってできる像。

▶実像はすべて物体と**上下左右が逆さま**であり，スクリーンに映る。

❶物体が焦点距離の2倍より遠い位置➡物体より小さな実像。

❷物体が焦点距離の2倍の位置

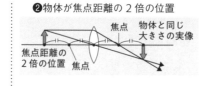

焦点　物体と同じ大きさの実像　焦点距離の2倍の位置　焦点

❸物体が焦点距離の2倍と焦点の間

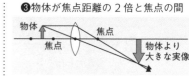

物体　焦点　焦点　物体より**大きな実像**

4 虚像…物体が**焦点の内側**にあるとき，凸レンズを通して，物体と同じ側に見える像。

▶虚像は物体と上下左右が**同じ向き**に見え，スクリーンに映すことはできない。

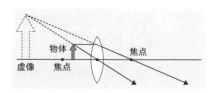

物体　焦点　虚像　焦点

入試データ 鏡での反射による像，凸レンズによる像の作図はよく出題される。

実戦トレーニング

➡ 解答・解説は別冊5ページ

1 光の進み方を調べる次の実験を行った。あとの各問いに答えなさい。📄**1**　〔富山県〕

【実験】　右の図のように，正方形のます目の上に鏡を置いたあと，a〜d の位置に棒を立て，花子さんが立っている位置からそれぞれの棒が鏡に映って見えるかどうか確かめた。ただし，鏡の厚さは考えないものとする。

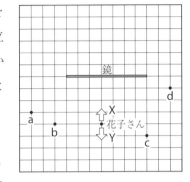

(1) 花子さんから見たとき，鏡に映って見える棒を，図の a〜d の中からすべて選び，その記号を書きなさい。　　　　　　　　　[　　　　　　　　　]

HIGH LEVEL (2) 花子さんから a〜d のすべての棒が鏡に映って見えるようになるのは，花子さんが X，Y のいずれの方向に，何ます移動したあとか。[　　　　　　　　　　　　　]

2 千秋さんと夏希さんは，光の進み方について興味をもち，次の実験を行った。これについて，あとの各問いに答えなさい。📄**2**　〔滋賀県〕

【実験】　① **図1**のように，半円形のガラスを分度器の上に中心を重ねて置き，光源装置の光が中心を通るようにする。

② **図2**のように，空気中から半円形のガラスに光を当てて真上から光の道すじを観察して，入射角と屈折角の大きさをはかる。光源装置を動かし，入射角を変えて同様に入射角と屈折角をはかる。

③ **図3**のように，半円形のガラスから空気中に光を当てて真上から光の道すじを観察して，入射角と屈折角の大きさをはかる。光源装置を動かし，入射角を変えて同様に入射角と屈折角をはかる。

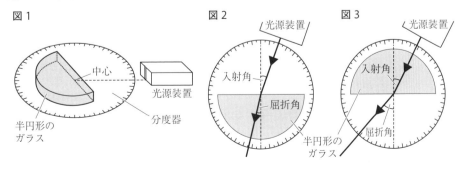

【結果】 表1，表2は，光が空気中からガラスに入るときと，光がガラスから空気中に入るときの入射角と屈折角の測定値である。

表1 光が空気中からガラスに入るとき

	1回目	2回目	3回目
入射角	20°	34°	43°
屈折角	13°	22°	27°

表2 光がガラスから空気中に入るとき

	1回目	2回目	3回目
入射角	27°	34°	40°
屈折角	43°	57°	75°

正答率 47.3%

(1) 実験の結果から考えて，光が空気中からガラスに入るときと，光がガラスから空気中に入るときの光の進み方を正しく説明しているものを，次のア〜エの中から1つ選び，その記号を書きなさい。　［　　　　　］

　ア　表1では，入射角は屈折角よりも小さく，入射角が大きくなると屈折角は小さくなる。

　イ　表2では，入射角は屈折角よりも小さく，入射角が大きくなると屈折角は小さくなる。

　ウ　表1で入射角をさらに大きくすると，ある角度からガラスの表面で屈折せずにすべて反射する。

　エ　表2で入射角をさらに大きくすると，ある角度からガラスの表面で屈折せずにすべて反射する。

正答率 48.4%

(2) 図4のAの位置に鉛筆を立て，矢印(➡)の方向から観察した。鉛筆の見え方を正しく表したものを，次のア〜エの中から1つ選び，その記号を書きなさい。

　　　　　　　　　　　　　　　　　　　　　　　　　　　［　　　　　］

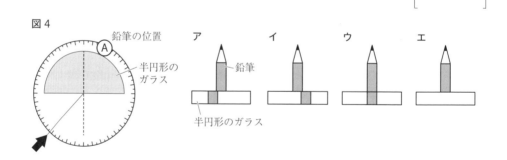

3 凸レンズのはたらきを調べるために，次の実験①，②，③を順に行った。これについて，あとの各問いに答えなさい。↩3　栃木県

【実験】 ①図1のような，透明シート（イラスト入り）と光源が一体となった物体を用意し，図2のように，光学台にその物体と凸レンズP，半透明のスクリーンを配置した。物体から発する光を凸レンズPに当て，半透明のスクリーンにイラスト全体の像がはっきり映し出されるように，凸レンズPとスクリーンの位置を調節し，Aの方向から像を観察した。

図1

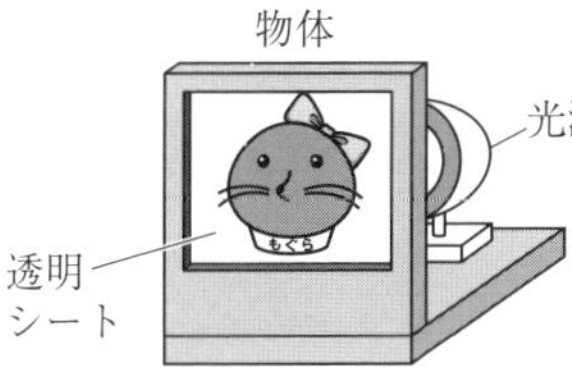

物体

光源

透明シート

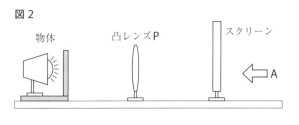

図2

物体　凸レンズP　スクリーン

←A

② 図3のように，凸レンズPから物体までの距離 a〔cm〕と凸レンズPからスクリーンまでの距離 b〔cm〕を変化させ，像がはっきり映し出されるときの距離をそれぞれ調べた。

図3

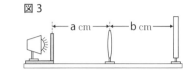

a cm　b cm

③ 凸レンズPを焦点距離の異なる凸レンズQにかえて，実験②と同様の実験を行った。次の表は，実験②，③の結果をまとめたものである。

	凸レンズP			凸レンズQ		
a〔cm〕	20	24	28	30	36	40
b〔cm〕	30	24	21	60	45	40

(1) 実験①で，Aの方向から観察したときのスクリーンに映し出された像として，最も適切なものはどれか。次のア～エの中から正しいものを1つ選び，その記号を書きなさい。　[　　　]

ア　　　　イ 　　　　ウ 　　　　エ

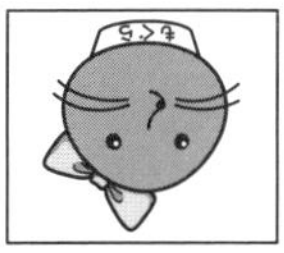

(2) 図4は，透明シート上の点Rから出て，凸レンズPに向かった光のうち，矢印の方向に進んだ光の道すじを示した模式図である。その光が凸レンズPを通過したあとに進む道すじを，図4にかきなさい。なお，図中の点Fは凸レンズPの焦点である。

図4

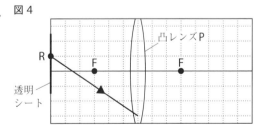

凸レンズP

R　F　F

透明シート

(3) 実験②，③の結果から，凸レンズPと凸レンズQの焦点距離を求めることができる。これらの焦点距離を比較したとき，どちらの凸レンズが何cm長いか。

[　　　　　　　　　]

5 電流と磁界・静電気と電流

1 電流が磁界から受ける力

1 磁界の向き…方位磁針のN極が指す向き。

2 電流のまわりの磁界
…導線を中心に同心
円状の磁界ができる。

3 コイルのまわりの磁界…電流が大きいほど，コイルの巻数が多いほど，磁界が強い。

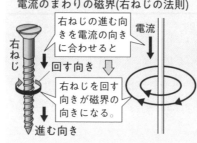

電流のまわりの磁界(右ねじの法則)

右ねじの進む向きを電流の向きに合わせると
回す向き
右ねじを回す向きが磁界の向きになる。

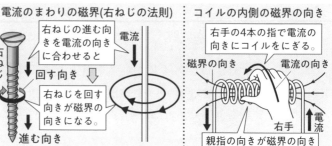

コイルの内側の磁界の向き

右手の4本の指で電流の向きにコイルをにぎる。
磁界の向き　電流の向き
親指の向きが磁界の向き

4 電流が磁界から受ける力…磁界中で導線に電流が流れると，導線に力がはたらく。

▶受ける力の向きを逆にするには，
　➡❶電流の向きを逆にする。❷磁界の向きを逆にする。
　└両方逆にすると力は同じ向きに

▶受ける力を大きくするには，
　➡❶電流を大きくする。❷磁界を強くする。

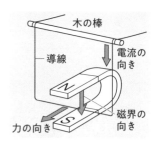

木の棒
電流の向き
導線
力の向き
磁界の向き

2 電磁誘導

1 電磁誘導…コイルの中の磁界が変化すると，コイルの両端に電圧が生じ，電流が流れる現象。

2 誘導電流…電磁誘導によって流れる電流。

CHECK! 誘導電流の向きと大きさ

• 磁石の極を逆にする，磁石を動かす向きを逆にする。
　➡誘導電流の向きが逆になる。
• 磁石を速く動かす，コイルの巻数を多くする，磁力が強い磁石を使う。➡誘導電流が大きくなる。

3 静電気と電流

1 静電気…物体にたまった電気。異なる種類の電気の間には**引き合う力**，同じ種類の電気の間には**しりぞけ合う力**がはたらく。

2 真空放電…気体の圧力を小さくした空間に電流が流れる現象。

3 陰極線(電子線)…蛍光板を入れた真空放電管に電圧を加えたときに，蛍光板を光らせる電子の流れ。

4 電子…一の電気をもつ粒子。電子の移動が電流の正体である。

▶電子の移動の向きは一極から＋極で，電流の向きは＋極から一極である。

5 放射線…α線，β線，γ線，X線などがあり，**物質を透過する性質**がある。

［実戦トレーニング］

➡ 解答・解説は別冊5ページ

1 右の図のように，コイルを水平に置いた厚紙に差しこんで固定し，コイルに電流を流してコイルのまわりにできる磁界のようすを調べた。コイルに電流が流れていないとき，方位磁針を点Pの位置に置くと，方位磁針のN極は北を指した。次に，スイッチを入れ，コイルに電流を流すと，点Pの位置に置かれた方位磁針のN極は南を指した。さらに，方位磁針をとり除いたあと，コイルのまわりの厚紙の上に鉄粉を一様にまき，磁界のようすを調べた。これについて，次の各問いに答えなさい。🔲1　　　　　　　　高知県

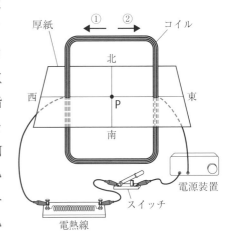

正答率 **32.6%** (1) コイルに電流を流したとき，点Pの位置における磁界の向きとコイルに流れる電流の向きはどのようになるか。磁界の向きを南向き，北向き，電流の向きを図中の①，②から選ぶとき，その組み合わせとして適切なものを，次のア〜エの中から1つ選び，その記号を書きなさい。　　　　　　　［　　　］

　ア　磁界の向き − 北向き　　　電流の向き − ①

　イ　磁界の向き − 南向き　　　電流の向き − ①

　ウ　磁界の向き − 北向き　　　電流の向き − ②

　エ　磁界の向き − 南向き　　　電流の向き − ②

正答率 **32.8%** (2) コイルのまわりの磁界によって，鉄粉はどのような模様になるか。次のア〜エの中から適切なものを1つ選び，その記号を書きなさい。ただし，●は点P，○はコイルの位置，-----は鉄粉がつくる模様を表したものである。　　　　［　　　］

ア	イ	ウ	エ
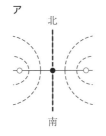	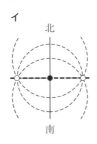	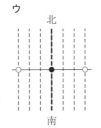	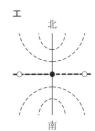

2

お急ぎ！

放電のようすと，電流が流れているコイルが磁界から受ける力について調べるため，次の実験を行った。これについて，あとの各問いに答えなさい。↻**1**,**3**　千葉県

【実験1】 図1のような，蛍光板を入れた放電管内の空気をぬき，＋極，－極に非常に大きな電圧を加えたところ，蛍光板上に明るい線が見えた。

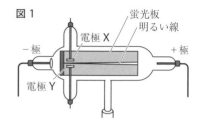

図1

【実験2】 ①図2のように，コイル，抵抗器 R₁，スイッチを電源装置につないだ回路（かいろ）をつくり，U字型磁石を設置した。図2の回路のスイッチを入れたとき，コイルは矢印（━━▶）で示した方向に動いて止まった。また，図2の回路の一部の導線を外して電圧計と電流計をつなぎ，スイッチを入れて抵抗器 R₁ に加えた電圧と流れる電流を測定したところ，それぞれ 6.0 V と 2.0 A であった。

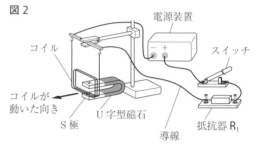

図2

② 図2の回路の抵抗器 R₁ を 5.0 Ω の抵抗器 R₂ にかえて，電源装置の電圧を変えずにスイッチを入れて電流を流し，コイルが動くようすを調べた。

正答率 **68.2**%

(1) 実験1で，放電管内に非常に大きな電圧を加えたまま，さらに電極 X を＋極，電極 Y を－極として電圧を加えたときの，蛍光板上の明るい線のようすとして最も適切なものを，次のア〜エの中から1つ選び，その記号を書きなさい。　[　　　　]

ア　暗くなる。　　　　　　　　　　イ　さらに明るくなる。

ウ　電極 X の方に引かれて曲がる。　エ　電極 Y の方に引かれて曲がる。

正答率 **35.3**%

(2) 実験2の①について，図3はスイッチを入れる前のU字型磁石とコイルを横から見たようすを模式的に表したものである。ただし，図3中のコイルの断面は，コイルの導線を1本にまとめて表したものである。コイルに電流を流したとき，電流によってできる磁界の向きが，U字型磁石の磁界の向きと逆になる図3中の点として最も適切なものを，次のア〜エの中から1つ選び，その記号を書きなさい。　[　　　　]

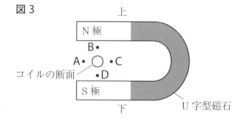

図3

ア　A　　イ　B　　ウ　C　　エ　D

正答率 **61.3**%

(3) 実験2の②で，コイルの動く向きと振（ふ）れる幅（はば）は，実験2の①のときと比べてどのように変化したか。ただし，変化しなかった場合は変化なしと書くこと。

動く向き[　　　　　　　]　　振れる幅[　　　　　　　]

3 磁石とコイルを使って，電流をつくり出す実験を行った。これについて，あとの各問いに答えなさい。↩**2**

富山県・改

【実験1】 ①**図1**のように，コイルと検流計(けんりゅうけい)をつなぎ，手で固定したコイルにN極を下にした棒磁石を上から近づけると，検流計の針が＋側に振(ふ)れた。

図1
棒磁石
N
コイル
検流計

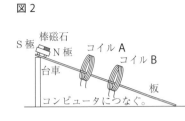

図2
S極 棒磁石 N極
コイルA
コイルB
台車
板
コンピュータにつなぐ。

【実験2】 ②同じ巻数の2つのコイルA，Bを，傾(かたむ)けた板に間隔(かんかく)をあけて固定した装置をつくった。また，コイルに生じる電流のようすを観察するため，各コイルをコンピュータにつないだ。**図2**は装置を模式的に表したものである。

③棒磁石を固定した台車を斜面(しゃめん)上方から静かにはなしたところ，台車は各コイルにふれることなく，それらの中を通過した。

(1)①において，検流計の針が振れたのは，コイルに棒磁石を近づけることで，電圧が生じ，電流が流れたためである。このような現象を何というか，書きなさい。

[   ]

(2)①のあと，棒磁石をコイルに近づけたまま静止させると，コイルに電流が流れなくなる。その理由を「磁界」という言葉を使って簡潔に書きなさい。

[   ]

HIGH LEVEL (3)実験2において，時間とコイルAに生じた電流の関係が**図3**のようになったとき，時間とコイルBに生じた電流の関係を表す図として最も適切なものはどれか，次の**ア〜エ**の中から1つ選び，記号で答えなさい。ただし，横軸(よこじく)は各コイルに電流が生じ始めてからの時間を表し，**ア〜エ**の各図の1目盛りの大きさは，**図3**のものと同じである。また，空気抵抗(くうきていこう)，台車と板の間の摩擦(まさつ)は考えないものとする。 [   ]

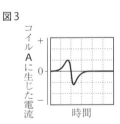

図3
コイルAに生じた電流
時間

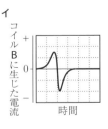

ア
コイルBに生じた電流
時間

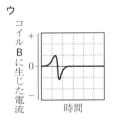

イ
コイルBに生じた電流
時間

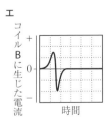

ウ
コイルBに生じた電流
時間

エ
コイルBに生じた電流
時間

6 電力・電流による発熱

1 電力

1 電気エネルギー…電気のもつエネルギー。

▶電気エネルギーによって，光や熱，音などを発生させたり，物体を動かしたりすることができる。

2 電力…一定時間にはたらく電流の能力の大小を表す量。**電圧と電流の積**で表される。単位は**ワット〔W〕**。
　　↳1000 W を1キロワット〔kW〕という。

▶1 W…1 V の電圧を加えて1 A の電流が流れるときの電力。

　　電力〔W〕＝電圧〔V〕×電流〔A〕

▶**消費電力**…電気器具が消費する電力。消費電力が大きいほど電気器具のはたらきは大きくなる。

　　例「100 V　1000 W」という電気器具の表示は，100 V の電源につなぐと，1000 W の電力を消費し，$\dfrac{1000\ \text{W}}{100\ \text{V}}=10\ \text{A}$ の電流が流れることを表している。

▶複数の電気器具を使ったとき，**全体の消費電力はそれぞれの電気器具の消費電力の和**になる。

2 電流による発熱

1 熱…物体の温度を変化させる原因となるもの。

2 電流による発熱…発生した**熱量はジュール〔J〕**という単位で表される。

▶1 J…1 W の電力で1秒間電流を流したときに発生する熱量。

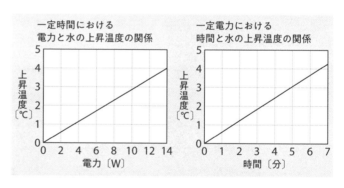

一定時間における
電力と水の上昇温度の関係

一定電力における
時間と水の上昇温度の関係

　　電流による発熱量〔J〕＝電力〔W〕×時間〔s〕

▶水1 g の温度を1 ℃上昇させるのに必要な熱量は約 4.2 J である。

3 電力量

1 電力量…電流によって消費した電気エネルギーの量。単位は**ジュール〔J〕**。

　　電力量〔J〕＝電力〔W〕×時間〔s〕

▶**ワット時〔Wh〕**や**キロワット時〔kWh〕**が使われることもある。
　　↳1000 Wh = 1 kWh，1 Wh = 1 W × 3600 s = 3600 J

▶1 Wh…1 W の電力を1時間使い続けたときの電力量。

入試データ　直列回路と並列回路における電流による発熱量に関する出題が多い。

［実戦トレーニング］

➡ 解答・解説は別冊6ページ

1
お急ぎ！

電熱線を用いて水の温度変化を調べる実験を行った。これについて，あとの各問いに答えなさい。ただし，水1gの温度を1℃上げるのに必要な熱量は4.2Jとする。

↩ **1, 2**

岐阜県

【実験】 発泡ポリスチレンのカップに水100 cm³を入れた。水が室温と同じくらいの温度になるまで放置し，そのときの水温を調べて記録した。その後，右の図のような回路をつくり，6V－3Wの電熱線に，電源装置で6.0Vの電圧を加え，カップの水をときどきかき混ぜながら，1分ごとに水温を記録し，5分間測定した。次に，使用する電熱線を，6V－3Wから6V－6Wに変えて同様の測定を行った。表は，実験の結果をまとめたものである。

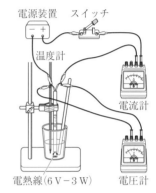

電熱線の種類	6V－3W						6V－6W					
時間〔分〕	0	1	2	3	4	5	0	1	2	3	4	5
水温〔℃〕	16.9	17.3	17.7	18.1	18.5	18.9	17.0	17.8	18.6	19.4	20.2	21.0

(1) 表をもとに，6V－3Wの電熱線を用いたときの時間と測定開始からの水の上昇温度の関係を右のグラフにかきなさい。なお，グラフの縦軸には適切な数値を書きなさい。

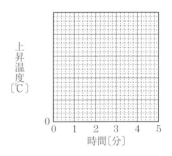

上昇温度〔℃〕

時間〔分〕

(2) 次の▭の①，②にあてはまる言葉の正しい組み合わせを，次のア～エの中から1つ選び，その記号を書きなさい。　［　　　　］

　　電熱線に電流を流す時間が長くなるほど電熱線から発生する熱量は ① なる。また，電熱線の電力の値が小さい方が，水の温度上昇は ② なる。

ア ① 大きく　② 大きく　　**イ** ① 小さく　② 大きく
ウ ① 大きく　② 小さく　　**エ** ① 小さく　② 小さく

(3) 実験で，6V－6Wの電熱線を使ったとき，5分間で水の温度は4.0℃上昇した。100 cm³（100 g）の水の温度を4.0℃上昇させるために必要な熱量は何Jか。

［　　　　　　］

(4) 6V－6Wの電熱線の両端に6.0Vの電圧を5分間加え続けた。電熱線から発生する熱量は何Jか。　［　　　　　　］

(5) 次の▢にあてはまる言葉として最も適切なものを、次の**ア〜ウ**の中から1つ選び、その記号を書きなさい。　　　　　　　　　　　　　　　[　　　　]

　　電圧を5分間加えた電熱線から発生した熱量は、5分後には▢と考えられる。

ア　水の温度上昇にすべて使われ、カップやまわりの空気には逃げていない

イ　水の温度上昇に使われるだけでなく、カップやまわりの空気にも逃げている

ウ　水の温度上昇には使われず、カップやまわりの空気にすべて逃げている

2　電球が電気エネルギーを光エネルギーに変換する効率について調べるために、次の実験①、②、③を順に行った。あとの各問いに答えなさい。🔄**1,2,3**　　　栃木県

【実験】　① 明るさがほぼ同じLED電球と白熱電球Pを用意し、消費電力の表示を表にまとめた。

	LED電球	白熱電球P
消費電力の表示	100 V　7.5 W	100 V　60 W

② 実験①のLED電球を、水が入った容器のふたに固定し、コンセントから100Vの電圧をかけて点灯させ、水の上昇温度を測定した。**図1**は、このときのようすを模式的に表したものである。実験は熱の逃げない容器を用い、電球が水にふれないように設置して行った。

③ 実験①のLED電球と同じ「100 V　7.5 W」の白熱電球Q(**図2**)を用意し、実験②と同じように水の上昇温度を測定した。

なお、**図3**は、実験②、③の結果をグラフに表したものである。

図1　コンセント　LED電球(100 V 7.5 W)　デジタル温度計　16.4℃　ふた　容器　水

図2　白熱電球Q(100 V 7.5 W)

図3　水の上昇温度〔℃〕　電球の点灯時間〔分〕　白熱電球Q　LED電球

正答率71.3% (1) 白熱電球Pに100Vの電圧をかけたとき、流れる電流は何Aか。[　　　　]

(2) 白熱電球Pを2時間使用したときの電力量は何Whか。また、このときの電力量は、実験①のLED電球を何時間使用したときと同じ電力量であるか。ただし、どちらの電球にも100Vの電圧をかけることとする。

　　　　　　　　　　　電力量[　　　　　　]　　使用時間[　　　　　　]

正答率37.4% (3) 白熱電球に比べてLED電球の方が、電気エネルギーを光エネルギーに変換する効率が高い。その理由について、実験②、③からわかることをもとに、簡潔に書きなさい。　[　　　　　　　　　　　　　　　　　　　　]

7 物体の運動

1 速さと運動の記録

① 速さ…物体が**一定時間に移動する距離**。単位はメートル毎秒〔m/s〕やキロメートル毎時〔km/h〕など。

$$速さ〔m/s〕＝\frac{移動距離〔m〕}{移動にかかった時間〔s〕}$$

▶**平均の速さ**…ある距離を一定の速さで移動したと考えたときの速さ。

▶**瞬間の速さ**…時間の変化にともなって，刻々と変化する速さ。
　└自動車のスピードメーターに表示される速さ。

② 記録タイマーによる運動の記録…1秒間に60打点(50打点)する記録タイマーの1打点は$\frac{1}{60}$秒($\frac{1}{50}$秒)。

▶**打点間隔**…**大きいほど速さが大きい**。

速さが速くなる運動

速さが一定の運動

2 力がはたらくときの運動

① 斜面を下る運動…速さがだんだん大きくなる。➡運動と同じ向きの力がはたらくため。
　　　　　　　　　　　　　　　　　　　　　　　└重力の斜面に平行な分力。

　❶斜面の傾きが小さい

　　➡速さのふえ方が小さい。

　❷斜面の傾きが大きい

　　➡速さのふえ方が大きい。

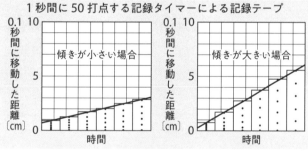
1秒間に50打点する記録タイマーによる記録テープ

傾きが小さい場合 / 傾きが大きい場合
0.1秒間に移動した距離〔cm〕

② 自由落下…斜面の傾きを90°にしたとき，物体は垂直に落下する。

▶速さのふえ方が最も大きくなる。

③ 斜面を上る運動…速さがだんだん小さくなる。➡運動と逆向きの力がはたらくため。
　　　　　　　　　　　　　　　　　　　　　　　　　└重力の斜面に平行な分力。

3 力がはたらかないときの運動

① 等速直線運動…物体に力がはたらかないとき，物体は**一定の速さ**で**一直線上**を運動する。この運動を**等速直線運動**という。

▶物体の移動距離は時間に比例する。

　移動距離〔cm〕＝速さ〔cm/s〕×時間〔s〕

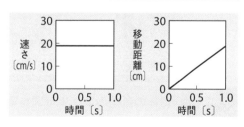
速さ〔cm/s〕 / 移動距離〔cm〕 / 時間〔s〕

② 慣性の法則…物体に力がはたらかないときや，力がつり合っているとき，静止している物体は静止し続け，運動している物体は等速直線運動を続ける。

▶物体がもっているこのような性質を**慣性**という。

入試データ 斜面上の物体の運動の問題が多い。斜面の傾きと台車の速さの関係を整理しておこう。

1 1秒間に50打点する記録タイマーを用いて，台車の運動のようすを調べた。右の図のように記録テープに打点されたとき，区間 A における台車の平均の速さは何 cm/s か。↩**1**

正答率 81.6%

栃木県

区間 A　2.3 cm

[　　　　　]

2 次の実験について，あとの各問いに答えなさい。ただし，小球にはたらく摩擦力（まさつりょく）や空気の抵抗（ていこう）は無視できるものとする。↩**1,2**

富山県

【実験】　軌道（きどう） X 上の左端（ひだりはし）である A 点から小球を静かにはなしたところ，小球は AB 間を下ったのち，B 点，C 点を通過した。手をはなしてから小球が B 点に達するまでのようすを，1秒間に8回の割合で点滅（てんめつ）するストロボの光を当てながら写真を撮影（さつえい）した。図はその模式図である。

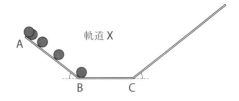

軌道 X

(1) AB 間を運動する小球の平均の速さは何m/s か，求めなさい。ただし，A 点から B 点までの長さは，75 cm とする。　　　　　[　　　　　]

(2) C 点を通過し，斜面を上る小球にはたらいている力を正しく示した図はどれか。次のア～エの中から1つ選び，その記号を書きなさい。　　　　[　　　　　]

ア　　　イ　　　ウ　　　エ

3 物体の運動のようすを調べるために，次の実験①，②，③を順に行った。これについて，あとの各問いに答えなさい。ただし，糸はのび縮みせず，糸とテープの質量（しつりょう）や空気の抵抗はないものとし，糸と滑車（かっしゃ）の間およびテープとタイマーの間の摩擦は考えないものとする。↩**1,2,3**

お急ぎ！

栃木県

【実験】　①図1のように，水平な台の上で台車におもりをつけた糸をつけ，その糸を滑車にかけた。台車を支えていた手を静かにはなすと，おもりが台車を引き始め，台車はまっすぐ進んだ。1秒間に50打点する記録タイマーで，手をはなしてからの台車の運動をテープに記録した。図2は，テープを5打点ごとに切り，経過時間順にAからGとし，紙にはりつけたものである。台車と台の間の摩擦は考えないものとする。

② 台車を同じ質量の木片にかえ，木片と台の間の摩擦がはたらくようにした。おもりが木片を引いて動き出すことを確かめてから，実験①と同様の実験を行った。

③ 木片を台車にもどし，図3のように，水平面から30°台を傾け，実験①と同様の実験を行った。台車と台の間の摩擦は考えないものとする。

図1
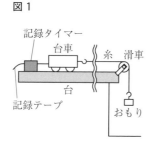

図2
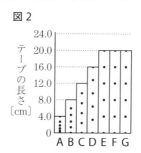

図3
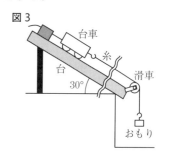

正答率 **68.7%** (1)実験①で，テープAにおける台車の平均の速さは何 cm/s か。　[　　　　　　]

正答率 **92.2%** (2)実験①で，テープE以降の運動では，テープの長さが等しい。この運動を何というか。　　　　　　　　　　　　　　　　　　　　　[　　　　　　]

正答率 **25.6%** (3)実験①，②について，台車および木片のそれぞれの速さと時間の関係を表すグラフとして，最も適切なものはどれか。次のア～エの中から1つ選び，その記号を書きなさい。　　　　　　　　　　　　　　　　　　[　　　　　　]

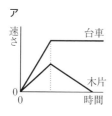
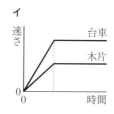

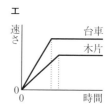

正答率 **74.2%** (4)おもりが落下している間，台車の速さが変化する割合は，実験①よりも実験③の方が大きくなる。その理由として，最も適切なものはどれか。次のア～エの中から1つ選び，その記号を書きなさい。　　　　　　　[　　　　　　]

ア　糸が台車を引く力が徐々に大きくなるから。

イ　台車にはたらく垂直抗力の大きさが大きくなるから。

ウ　台車にはたらく重力の大きさが大きくなるから。

エ　台車にはたらく重力のうち，斜面に平行な分力がはたらくから。

8 力の合成と分解・作用・反作用

1 力の合成

1 2力の合成…2つの力と同じはたらきをする1つの力を求めること。
▶**合力**…合成した力を合力という。

2 一直線上の2力の合成
❶同じ向きの場合 ➡ **2力の和**になる。
❷反対向きの場合 ➡ **2力の差**になる。
合力の向きは、大きい方の力と同じ。

3 一直線上にない2力の合成…2つの力を2辺とする平行四辺形の対角線が2力の合力となる。

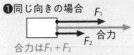

❶同じ向きの場合
合力は$F_1 + F_2$

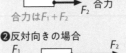

❷反対向きの場合
合力は$F_2 - F_1$

CHECK! 合力は0

2つの力の向きが反対で、力の大きさが同じときは、合力は0となる。

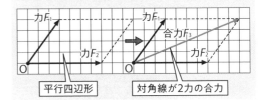

力F_1 力F_1
合力F_3
力F_2 力F_2
平行四辺形 対角線が2力の合力

2 力の分解

1 力の分解…1つの力をそれと同じはたらきをする2つの力に分けること。
▶**分力**…分解して求めた力を分力という。

2 分力の求め方…❶力を分解する方向を決める。➡❷分解する力が対角線になるように平行四辺形をかく。➡❸分力の矢印をかく。

3 斜面上の物体にはたらく力…物体にはたらく**重力**は、**斜面に平行な分力**と、**斜面に垂直な分力**に分解できる。
▶**斜面の傾きと分力**…斜面の傾きが大きくなると斜面に平行な分力が大きくなる。

力の分解
平行四辺形
力F
分解する方向
O
分解した2力
O

斜面上の物体にはたらく力
垂直抗力
W_2 斜面に平行な分力
W_1 斜面に垂直な分力
重力W

3 作用・反作用の法則

1 作用・反作用の法則…ある物体がほかの物体に力（作用）を加えると、同時にその物体から**大きさが同じで同一直線上**にあり、**逆向き**の力（反作用）を受ける。

壁
作用 反作用

2 作用・反作用の2力と、つり合う2力のちがい…作用・反作用の2力は**2つの物体**の間ではたらき、つり合う2力は**1つの物体**にはたらく。
▶**共通点**…2力は一直線上にあり、大きさが同じで逆向きにはたらく。

入試データ 力の分解は、斜面上の物体にはたらく力を例にして問われることが多い。

［実戦トレーニング］

➡ 解答・解説は別冊7ページ

1 右の図は，物体 P に 2 つの力 A と力 B がはたらいているようすを表している。これについて，次の各問いに答えなさい。ただし，図の 1 目盛りは 1 N である。➲**1**　［佐賀県］

お急ぎ！

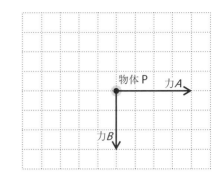

(1)力 A と力 B の合力の大きさは何 N か，書きなさい。　　　［　　　　　　　］

(2)力 A と力 B をはたらかせるときに，もう 1 つの力 C をはたらかせることで物体 P を静止させたい。力 C を矢印でかきなさい。ただし，力 C の作用点は，力 A と力 B の作用点と一致させること。

2 右の図の矢印は，斜面上の台車にはたらく重力を表したものである。この重力を斜面に沿う方向の力と斜面に垂直な方向の力に分解し，それぞれの力を力の矢印でかきなさい。
➲**2**　［高知県］

正答率 **31.4%**

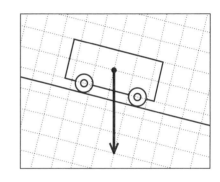

3 右の図は，物体を斜面上に静止させたときのようすを模式的に表したものである。このとき，物体にはたらく力を，図中に矢印でかきなさい。ただし，ひもの質量は考えないものとし，物体と斜面の間の摩擦，空気の抵抗はないものとし，力が複数ある場合はすべてかき，作用点を • で示すこと。また，図の矢印は，斜面上に静止している物体にはたらく重力を示している。
➲**2**　［千葉県］

HIGH LEVEL

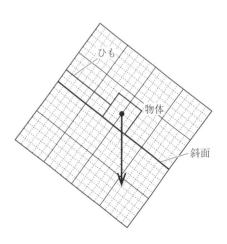

4 右の図は，物体aと床のそれぞれにはたらく力を表したものである。図中のA，B，Cの矢印は，床が物体aを押す力，物体aが床を押す力，物体aにはたらく重力のいずれかである。次の文は，これらの力の関係について述べたものである。文中の あ ～ え にあてはまる力として正しいものを，右のA～Cから1つずつ選び，その記号を書きなさい。ただし，同じ記号を何度使ってもよいこととする。↪**3** 高知県

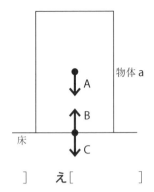

物体a
A
B
床
C

あ[　　　　]　い[　　　　]　う[　　　　]　え[　　　　]

力のつり合いの関係である2つの力は あ と い であり，作用・反作用の関係である2つの力は う と え である。

5 カーリングでは，氷の上で目標に向けて，**図1**のようにストーンを滑らせる。ストーンは，選手が手をはなしたあとも長い距離を進み続けるが，徐々に減速して止まったり，別のストーンに接触して速さや向きを変えたりする。次の各問いに答えなさい。↪**3** 山口県

図1

ストーン

(1) 氷の上を動いているストーンが徐々に減速するのは，動いている向きと反対の向きの力がストーンの底面にはたらくからである。このように，物体どうしがふれ合う面ではたらき，物体の動きを止める向きにはたらく力を何というか。書きなさい。

[　　　　　　　　　　]

(2) **図2**は，静止しているストーンBと，ストーンBに向かって動いているストーンAの位置を真上から見たものであり，⇧は，ストーンAの動いている向きを表している。また，**図3**は，ストーンBにストーンAが接触したときの位置を真上から見たものであり，•——→は，2つのストーンが接触したときに，ストーンBがストーンAから受けた力を表している。2つのストーンが接触したとき，ストーンAがストーンBから受けた力を，**図3**に矢印でかきなさい。なお，作用点を「•」で示すこと。

図2
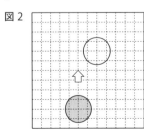

図3
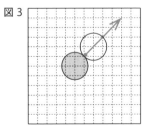

[⬤ はストーンAを，◯ はストーンBを表している。]

出題率 **24%**

9 音による現象

1 音の伝わり方

1 音を伝えるもの…空気などの気体, 水などの液体, 金属などの固体。**音を伝えるものがないと音は伝わらない。**
→真空中など
▶音は物体の振動が波として広がりながら伝わる。
▶音を発生しているものを**音源(発音体)**という。

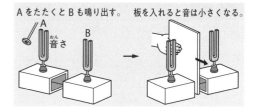

A をたたくと B も鳴り出す。　板を入れると音は小さくなる。

2 音の伝わる速さ…空気中では 1 秒間に約 340 m である。

$$音の速さ[m/s] = \frac{音が伝わる距離[m]}{音が伝わる時間[s]}$$

CHECK! 音の速さと光の速さ

光の速さは 1 秒間に約30万 km で, 音の速さに比べて非常に速い。そのため, 遠くで花火が見えてから音が聞こえるまで, 時間の差がある。

2 音の大小

1 音の大小は振幅によって決まる。
❶振幅…振動の振れ幅。
　　振幅が大きいほど➡大きい音
　　振幅が小さいほど➡小さい音
❷ギターやモノコードの弦を強くはじくと, 弦の振幅が大きくなり, 大きな音となる。

振幅小(小さい音)　　　振幅大(大きい音)

コンピュータで調べた音の波の形
小さい音　　　　　大きい音
振幅小　　　　　　振幅大

3 音の高低

1 音の高低は振動数によって決まる。
❶振動数…1 秒間に振動する回数。**周波数**ともいう。
❷振動数の単位は**ヘルツ[Hz]**で表す。
　　振動数が多いほど➡高い音
　　振動数が少ないほど➡低い音

コンピュータで調べた音の波の形
低い音　　　　　高い音

2 音の高さと弦の長さ, 張り方, 太さの関係

音の高低	弦の長さ	弦の張り方	弦の太さ
高い音 (振動数が多い)	短い	強い	細い
低い音 (振動数が少ない)	長い	弱い	太い

 CHECK! 弦の振動

高い音ほど弦は速く振動しているといえる。

1 たろうさんは，家から花火大会の花火を見ていて，次の①，②のことに気づいた。これについて，あとの各問いに答えなさい。 　　三重県

① 花火が開くときの光が見えてから，その花火が開くときの音が聞こえるまでに，少し時間がかかる。

② 花火が開くときの音が聞こえるたびに，家の窓ガラスがゆれる。

(1) たろうさんが，家で，花火が開くときの光が見えてから，その花火が開くときの音が聞こえるまでの時間を，右の図のようにストップウォッチで計測した結果，3.5秒であった。家から移動し，花火が開く場所に近づくと，その時間が2秒になった。このとき，花火が開く場所とたろうさんとの距離は何m短くなったか，求めなさい。ただし，音が空気中を伝わる速さは340m/秒とする。　　[　　　　　]

距離

(2) ①について，花火が開くときの光が見えてから，その花火が開くときの音が聞こえるまでに，少し時間がかかるのはなぜか，その理由を「光の速さ」という言葉を使って，簡潔に書きなさい。

[　　　　　　　　　　　　　　　　　　　　　　　　　　　　　　]

(3) ②について，次の文は，たろうさんが，花火が開くときの音が聞こえるときに，家の窓ガラスがゆれる理由をまとめたものである。文中の　X　，　Y　に入る最も適切な言葉は何か。　　X[　　　　]　Y[　　　　]

　音は，音源となる物体が　X　することによって生じる。音が伝わるのは，　X　が次々と伝わるためであり，このように　X　が次々と伝わる現象を　Y　という。花火が開くときの音で窓ガラスがゆれたのは，花火が開くときに空気が　X　し，　Y　として伝わったためである。

2 お急ぎ！　音の伝わり方について調べるために，次の実験を行った。あとの各問いに答えなさい。**1, 2, 3**　　兵庫県

【実験1】　図1のように，音さをたたいて振動させて水面に軽くふれさせたときの，音さの振動と水面のようすを観察した。

図1

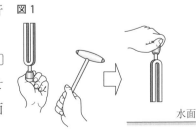

水面

【実験2】　4つの音さ A～D を用いて(a)～(c)の実験を行った。

(a)音さをたたいて音を鳴らすと，音さ D の音は，音さ B，音さ C の音より高く聞こえた。

(b)図2のように，音さ A の前に音さ B を置き，音さ A だけをたたいて音を鳴らして，音さ B にふれて振動しているかを確認した。音さ B を音さ C，音さ D と置きかえ，音さ B と同じ方法で，それぞれ振動しているかを確認した。音さ B は振動していた。

図2

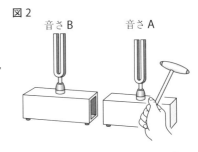

音さ B　　　音さ A

(c)図3のように，音さ A をたたいたときに発生した音の振動のようすを，コンピュータで表示した。横軸の方向は時間を表し，縦軸の方向は振動の振れ幅を表す。図4は，音さ A と同じ方法で，音さ B～D の音の振動をコンピュータで表示させたもので，X～Z は音さ B～D のいずれかである。コンピュータで表示される目盛りのとり方はすべて同じである。

図3

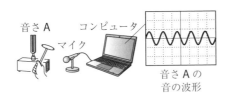

音さ A　コンピュータ
マイク
音さ A の
音の波形

図4

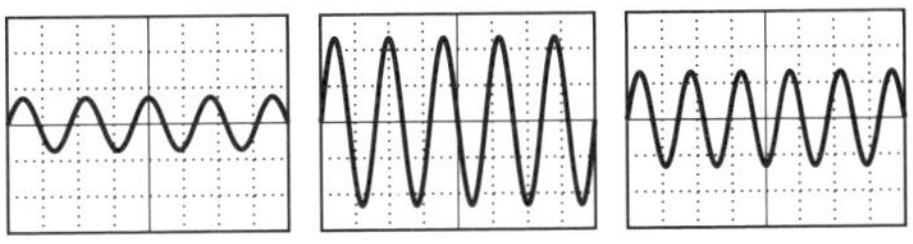

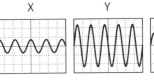

X　　　Y　　　Z

正答率
75.4%

(1)実験1での，音さの振動と水面のようすについて説明した文の組み合わせとして適切なものを，次の**ア**～**エ**の中から1つ選び，その記号を書きなさい。

[　　　　]

① 音さの振動によって水面が振動し，波が広がっていく。

② 音さの振動によって音さの近くの水面は振動するが，波は広がらない。

③ 音さを強くたたいたときの方が，水面の振動は激しい。

④ 音さの振動が止まったあとでも，音さの近くの水面は振動し続けている。

ア　①と③　　**イ**　①と④　　**ウ**　②と③　　**エ**　②と④

(2)音さ A の音は，5回振動するのに，0.0125 秒かかっていた。音さ A の音の振動数は何 Hz か，求めなさい。　　　　　　　　　　　[　　　　　　]

正答率
26.6%

(3)音さ B～D は，図4の X～Z のどれか。X～Z の中から1つずつ選び，その記号を書きなさい。

B[　　　]　　C[　　　]　　D[　　　]

【物理・化学】
よく出る実験・観察ランキング

〈1〉 電池のしくみの実験
➡ 問題 P70,71

2種類の金属板と2種類の電解質の水溶液を使い，電池（ダニエル電池）のしくみを調べる実験。

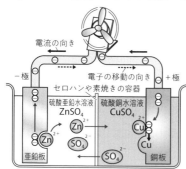

電流の向き
電子の移動の向き
－極　　　　　　　　　　＋極
セロハンや素焼きの容器
硫酸亜鉛水溶液 $ZnSO_4$　硫酸銅水溶液 $CuSO_4$
Zn^{2+}　Zn　Cu^{2+}　Cu
SO_4^{2-}　SO_4^{2-}
亜鉛板　　　　　　　　　銅板

〈2〉 金属イオンの実験
➡ 問題 P49

数種類の金属板を水溶液に入れたときの金属板の表面のようすを調べる実験。

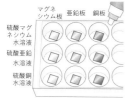

マグネシウム板　亜鉛板　銅板

	マグネシウム	亜鉛	銅
硫酸マグネシウム水溶液	×	×	×
硫酸亜鉛水溶液	○	×	×
硫酸銅水溶液	○	○	×

★固体が付着した場合…○
固体が付着しなかった場合…×

> **ポイント**
>
> イオンへのなりやすさは
> 　　マグネシウム ＞ 亜鉛 ＞ 銅

〈3〉 気体の発生と性質調べ
➡ 問題 P59,60,61

二酸化炭素，水素，アンモニア，酸素などの気体の発生実験や，気体の性質を調べる実験。

二酸化炭素の発生　　水素の発生　　アンモニアの発生　　酸素の発生

うすい塩酸　石灰石
亜鉛　うすい塩酸
塩化アンモニウムと水酸化カルシウム（少し下げる）ガスバーナー　スタンド
うすい過酸化水素水　二酸化マンガン

〈4〉 状態変化での体積と質量
➡ 問題 P81,82

ポリエチレンの袋にエタノールを入れて熱湯をかける実験。液体のロウを冷やす実験。

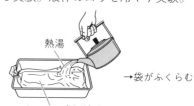

熱湯
→袋がふくらむ
エタノール（液体）を入れたポリエチレンの袋

> **ポイント**
>
> 体積は変化し，質量は変化しない。
> ・液体のエタノールが気体になると，密度は小さくなる。
> ・液体のロウが固体になると，密度は大きくなる。

〈5〉 凸レンズによる像のでき方
➡ 問題 P24,25

光学装置を使って，凸レンズによってできる像について調べる実験。

光源　　　凸レンズ　　　スクリーン

〔その他出題の多い実験・観察〕

・回路の電流・電圧・抵抗を調べる実験
・電流と電圧の関係を調べる実験
・水溶液の性質を調べる実験

化学分野

弱点チェック

次の問題を解いて，
自分の弱点項目をみつけよう！

➡解答・解説は別冊9ページ

1 水溶液とイオン

□ ① 水にとけると水溶液に電流が流れる物質を何という？ [　　　　]

□ ② 塩化銅水溶液を電気分解すると，塩素が発生するのは〔**陽極**，**陰極**〕。

□ ③ 原子核は，陽子と何からできている？ [　　　　]

□ ④ 原子をつくる－の電気をもつ粒子を何という？ [　　　　]

□ ⑤ 原子が電子を受けとって，－の電気を帯びたものを何という？ [　　　　]

2 物質の成り立ち

□ ① 炭酸水素ナトリウムを加熱すると発生する気体は何？ [　　　　]

□ ② 酸化銀を加熱すると発生する気体の化学式は？ [　　　　]

□ ③ 次の化学反応式を完成させなさい。 $2H_2O \rightarrow$ [　　　　] + [　　　　]

3 さまざまな化学変化

□ ① 酸化物が酸素を失う化学変化を何という？ [　　　　]

□ ② 熱エネルギーをまわりに出す化学変化を何という？ [　　　　]

□ ③ 次の化学反応式を完成させなさい。 $2CuO + C \rightarrow$ [　　　　] + [　　　　]

4 いろいろな気体とその性質

□ ① 二酸化マンガンにうすい過酸化水素水(オキシドール)を加えたときに発生する気体は？

[　　　　]

□ ② 水にとけにくい気体の集め方は？ [　　　　]

□ ③ 水にとけやすく，空気より密度が小さい気体の集め方は？ [　　　　]

□ ④ 水にとけやすく，空気より密度が大きい気体の集め方は？ [　　　　]

□ ⑤ アンモニアは②～④のどの方法で集める？ [　　　　]

5 水溶液の性質

□ ① 食塩水の食塩を溶質とすると，食塩をとかしている水を何という？ [　　　　]

□ ② 水 95 g に食塩 5 g をとかした食塩水の質量パーセント濃度は何％？ [　　　　]

6 化学変化と物質の質量

□ ① 化学変化の前後で，全体の質量は変わらないという法則は？

[　　　　]

□ ② 図 1 は，銅の粉末を加熱したときの銅と酸化銅の質量の関係を表している。0.8 g の銅と結びつく酸素の質量は何 g？

[　　　　]

□ ③ 銅と結びつく酸素の質量比は，銅：酸素＝[　　　　]

図 1

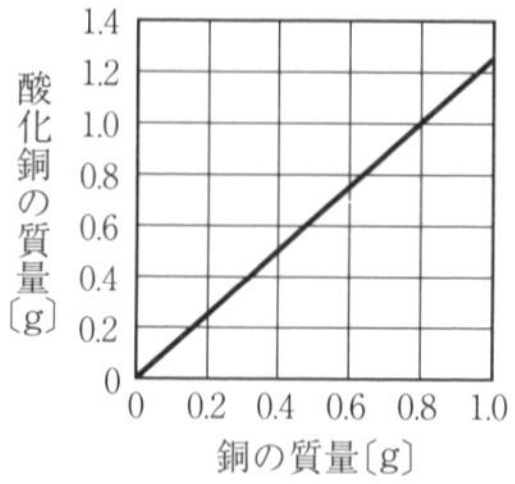
酸化銅の質量〔g〕
1.4
1.2
1.0
0.8
0.6
0.4
0.2
0
0.2
0.4
0.6
0.8
1.0
銅の質量〔g〕

7 化学変化とエネルギー（電池）

□ ① 硫酸銅水溶液に亜鉛片を入れると，亜鉛片が変化して赤色の固体が現れた。イオンになりやすいのは〔**銅**，**亜鉛**〕である。

□ ② ダニエル電池で－極になるのは〔**銅板**，**亜鉛板**〕である。

□ ③ 水の電気分解と逆の化学変化を利用して，水素と酸素がもつ化学エネルギーを電気エネルギーとしてとり出す装置を何という？ [　　　　]

8 身のまわりの物質とその性質

□ ① 有機物を燃やすと水と何という気体が発生する？ [　　　　]

□ ② 質量 39.5 g，体積 5.0 cm^3 の物質の密度は何 g/cm^3？ [　　　　]

□ ③ 液体より密度が〔**大きい**，**小さい**〕物質は，その液体に浮く。

9 酸・アルカリとイオン

□ ① BTB 溶液を加えると黄色になる水溶液は何性？ [　　　　]

□ ② ある液体の pH は 8 であった。この液体は何性？ [　　　　]

□ ③ 水溶液にしたときに水素イオンを生じる物質を何という？ [　　　　]

□ ④ 酸の水溶液とアルカリの水溶液を混ぜたとき，アルカリの陽イオンと酸の陰イオンが結びついてできる物質を何という？ [　　　　]

10 状態変化

□ ① 状態変化では，体積は変化〔**する**，**しない**〕が，質量は変化〔**する**，**しない**〕。

□ ② **図 2** の**ア**～**ウ**は，固体，液体，気体のいずれかの状態の粒子のモデルである。**ア**～**ウ**を固体，液体，気体の順に並べなさい。

[　　→　　→　　]

図 2

ア　イ　ウ

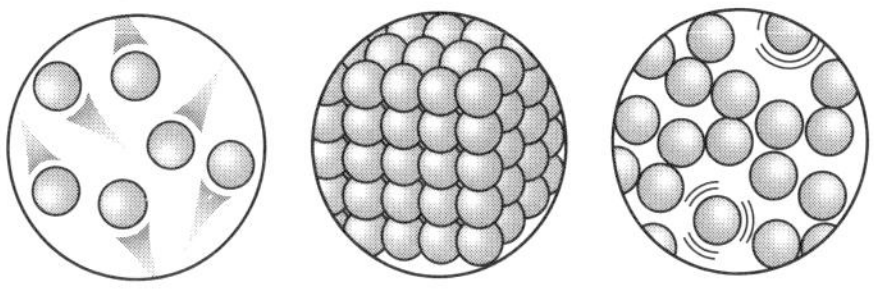

弱点チェックシート

正解した問題の数だけ塗りつぶそう。
正解の少ない項目があなたの弱点部分だ。

弱点項目から取り組む人は，このページへGO！

1	水溶液とイオン	1	2	3	4	5	→ 46 ページ
2	物質の成り立ち	1	2	3			→ 50 ページ
3	さまざまな化学変化	1	2	3			→ 54 ページ
4	いろいろな気体とその性質	1	2	3	4	5	→ 58 ページ
5	水溶液の性質	1	2				→ 62 ページ
6	化学変化と物質の質量	1	2	3			→ 65 ページ
7	化学変化とエネルギー（電池）	1	2	3			→ 69 ページ
8	身のまわりの物質とその性質	1	2	3			→ 73 ページ
9	酸・アルカリとイオン	1	2	3	4		→ 76 ページ
10	状態変化	1	2				→ 80 ページ

水溶液とイオン

1 電解質の水溶液の電気分解

1 電解質…水にとけると水溶液に**電流が流れる**物質。**例** 塩化水素，塩化ナトリウム
└水溶液は塩酸。

2 非電解質…水にとけても水溶液に**電流が流れない**物質。**例** 砂糖，エタノール

3 塩化銅の電気分解…**陽極**から**塩素**が発生し，**陰極**の表面には**銅**が付着する。

❶ **陽極**…電源の＋極につないだ電極。

❷ **陰極**…電源の－極につないだ電極。

$$CuCl_2 \rightarrow Cu + Cl_2$$
塩化銅 　　銅 　　塩素

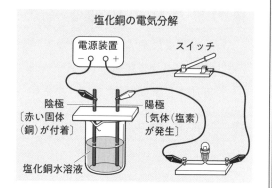

塩化銅の電気分解

電源装置 スイッチ

陰極〔赤い固体（銅）が付着〕　陽極〔気体（塩素）が発生〕

塩化銅水溶液

4 塩酸の電気分解…**陽極**から**塩素**，**陰極**から**水素**が発生する。

$$2HCl \rightarrow H_2 + Cl_2$$
塩化水素 　水素 　　塩素

2 原子の構造

1 原子核…原子の中心にあり，＋の電気をもつ。陽子と中性子からなる。

❶ **陽子**…＋の電気をもった粒子。

❷ **中性子**…電気をもっていない粒子。
└同じ元素でも中性子の数がちがうものを同位体という。

2 電子…原子をつくる**－の電気**をもった粒子。

ヘリウム原子の構造

電子（－の電気をもつ）
原子核
中性子（電気をもたない）
陽子（＋の電気をもつ）

3 イオン

1 イオン…原子が＋または－の電気を帯びたもの。

2 陽イオン…原子が電子を失って，＋の電気を帯びたもの。

例 水素イオン(H^+)，ナトリウムイオン(Na^+)，銅イオン(Cu^{2+})など。

3 陰イオン…原子が電子を受けとって，－の電気を帯びたもの。

例 塩化物イオン(Cl^-)，水酸化物イオン(OH^-)，硫酸イオン(SO_4^{2-})など。

4 電離…電解質が**陽イオン**と**陰イオン**に分かれること。

5 イオンへのなりやすさ…イオンへのなりやすさは金属の種類によって異なる。

▶金属の単体を別の金属の陽イオンをふくむ水溶液に入れ，**金属の単体がとけ，水溶液中の金属の陽イオンが原子となって表れたとき，単体の金属の方がイオンになりやすく，陽イオンとしてふくまれていた金属の方がイオンになりにくいとわかる。**

入試データ 塩化銅水溶液や塩酸の電気分解とイオンを組み合わせた出題が多い。

実戦トレーニング

➡ 解答・解説は別冊9ページ

1

正答率 **92.5%**

水にとかしても陽イオンと陰イオンに分かれない物質として最も適切なものを, 次の**ア**〜**エ**の中から1つ選び, その記号を書きなさい。⤴**1,3**

千葉県

[   ]

ア 塩化水素

イ 水酸化ナトリウム

ウ 塩化銅

エ 砂糖(ショ糖)

2 下の図の**ア**〜**オ**のカードは, 原子またはイオンの構造を模式的に表したものである。次の各問いに答えなさい。ただし, 電子を●, 陽子を◎, 中性子を○とする。⤴**2,3**

山口県

ア 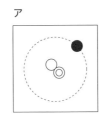　イ 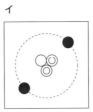　ウ 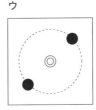　エ 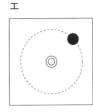　オ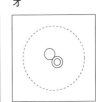

(1) イオンを表しているものを, 上の図の**ア**〜**オ**の中からすべて選び, その記号を書きなさい。 [   ]

(2) 上の図の**ア**で表したものと同位体の関係にあるものを, 図の**イ**〜**オ**の中から1つ選び, その記号を書きなさい。 [   ]

3

お急ぎ!

水溶液を電気分解したときにできる物質を調べるために, 次の実験1, 実験2を行った。これについて, あとの各問いに答えなさい。⤴**1,3**

和歌山県

【実験1】「塩化銅水溶液の電気分解」

(ⅰ) **図1**のような装置(炭素棒電極)を組み立て, 塩化銅水溶液に電流を流した。

(ⅱ) 陰極表面に付着した物質をとり出して, 薬さじの裏でこすった。

(ⅲ) 陽極付近から発生した気体のにおいを調べた。

(ⅳ) 実験の結果をまとめた(**表1**)。

図1 **実験装置**

表1　実験1の結果

陰極	陽極
・付着した赤色の物質を薬さじの裏でこすると，金属光沢が見られた。	・発生した気体はプールの消毒薬のようなにおいがした。

【実験2】「塩酸の電気分解」

(i) **図2**のように，ゴム栓をした電気分解装置(白金めっきつきチタン電極)に，質量パーセント濃度が3.5 %のうすい塩酸を入れ，電流を流した。

(ii) どちらかの極側に気体が4目盛りまでたまったところで，電流を止めた。

(iii) 陰極側と陽極側にたまった気体のにおいをそれぞれ調べた。

(iv) 陰極側にたまった気体にマッチの火を近づけた。

(v) 陽極側の管の上部の液をスポイトで少量とって，赤インクに加えた(**図3**)。

(vi) 実験の結果をまとめた(**表2**)。

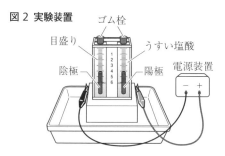

図2 実験装置

図3 赤インクに加えるようす

表2　実験2の結果

陰極	陽極
・4目盛りまで気体がたまった。 ・気体は無臭であった。 ・マッチの火を近づけると，　　X　　。	・たまった気体の量は陰極側より少なかった。 ・気体はプールの消毒薬のようなにおいがした。 ・赤インクの色が消えた。

(1) 実験1について，陰極の表面に付着した物質は何か，化学式で書きなさい。

[　　　　　　　　　]

(2) 実験1について，水溶液中で溶質が電離しているようすをイオンのモデルで表したものとして適切なものを，次の**ア〜エ**の中から1つ選び，その記号を書きなさい。ただし，図中の○は陽イオンを，●は陰イオンをそれぞれ表している。

[　　　　　　　　　]

ア 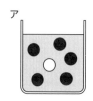　　イ 　　ウ 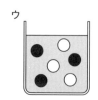　　エ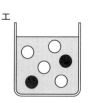

(3) 実験2(iv)について，**表2**の　　X　　にあてはまる適切な内容と，陰極側にたまった気体の名称を書きなさい。

X[　　　　　　　　　　　　　　　　　　　　　　　　　　　　　]

気体[　　　　　　　]

(4)実験1と実験2で陽極側から発生した気体は，においの特徴から，どちらも塩素であると考えられる。これについて，次の各問いに答えなさい。

① 塩素の特徴である，**表2**の下線部のような作用を何というか，書きなさい。

[　　　　　]

② 次の文は，塩素が陽極側から発生する理由について説明したものである。文中の(a)，(b)について，**ア**，**イ**の中から適切なものを1つずつ選び，その記号を書きなさい。　　(a)[　　　]　(b)[　　　]

塩素原子をふくむ電解質は，水溶液中で電離して塩化物イオンを生じる。塩化物イオンは，塩素原子が(a){**ア**　電子　　**イ**　陽子}を1個(b){**ア**　受けとる　**イ**　失う}ことで生じ，−の電気を帯びている。そのため，電気分解で塩素の気体が生じるときは，陽極側から生じることになる。

4 水溶液とイオンに関する実験を行った。あとの各問いに答えなさい。↷3 　[富山県]

【実験1】右の図のように，表面をよくみがいたマグネシウム片を，銅イオンをふくむ水溶液に入れたところ，マグネシウム片の表面に赤褐色の物質が付着した。

銅イオンをふくむ水溶液
マグネシウム片

(1)次の文は，マグネシウム片の表面で起こった変化を説明したものである。文中の空欄 X には適切な言葉を，空欄 Y ， Z には変化で生じるイオンを表す化学式，または金属の単体を表す化学式を書きなさい。

X[　　　]　Y[　　　]　Z[　　　]

マグネシウムが X を失って Y になり，銅イオンがその X を受けとって Z になっている。

【実験2】銅，亜鉛，鉄，マグネシウムのいずれかである金属片 A を，右の表に示した4つの水溶液に入れ，金属片 A の表面に反応が起こるかどうかを調べた。表は金属片 A の表面に反応が起こったものを○，反応が起こらなかったものを×としてまとめたものである。

	反応
銅イオンをふくむ水溶液	○
亜鉛イオンをふくむ水溶液	×
鉄イオンをふくむ水溶液	○
マグネシウムイオンをふくむ水溶液	×

(2)表の結果より，金属片 A は銅，亜鉛，鉄，マグネシウムのうち，どれであると考えられるか。物質名を答えなさい。なお，これらの金属の陽イオンへのなりやすさは，マグネシウム，亜鉛，鉄，銅の順である。　　　[　　　　　]

2 物質の成り立ち

1 物質の分解

1 化学変化…もとの物質とはちがう **別の物質**ができる変化。

2 分解…1種類の物質が2種類以上の物質に分かれる変化。熱分解や電気分解がある。

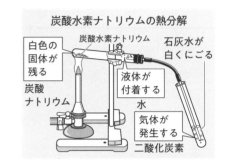

炭酸水素ナトリウムの熱分解

白色の固体が残る
炭酸ナトリウム
炭酸水素ナトリウム
石灰水が白くにごる
液体が付着する　水
気体が発生する　二酸化炭素

▶炭酸水素ナトリウムの熱分解

炭酸水素ナトリウム→炭酸ナトリウム＋二酸化炭素＋ 水

$$2NaHCO_3 \rightarrow Na_2CO_3 + CO_2 + H_2O$$

▶水の電気分解　　　水　 → 水素 ＋ 酸素

$$2H_2O \rightarrow 2H_2 + O_2$$

2 原子と分子

1 原子…物質をつくる最小の粒子。

❶**化学変化**でそれ以上分けることができない。

❷種類によって，質量や大きさが決まっている。

❸化学変化で新しくできたり，種類が変わったり，なくなったりしない。

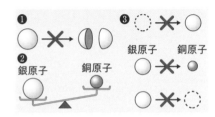

❶ ❷ 銀原子　銅原子
❸ 銀原子　銅原子

2 分子…いくつかの原子が結びついた，物質の性質を表す最小の粒子。

3 周期表…**元素**を原子番号の順に並べた表。縦の並びには性質の似た元素が並んでいる。
▶原子の種類を元素という。

3 化学式・化学反応式

1 化学式…物質を，**元素記号**を使って表したもの。

おもな物質の化学式

酸素	O_2	塩素	Cl_2	アンモニア	NH_3	酸化銅	CuO
水素	H_2	水	H_2O	塩化ナトリウム	NaCl	酸化マグネシウム	MgO
窒素	N_2	二酸化炭素	CO_2	酸化銀	Ag_2O		

2 化学反応式…化学式を用いて，化学変化を表した式。**両辺で原子の種類と数を合わせる。**

❶両辺で原子の種類と数を合わせる。　　❷酸素などの気体は原子が2個結びつく。

$$H_2 + O_2 \rightarrow H_2O \Rightarrow 2H_2 + O_2 \rightarrow 2H_2O \qquad Cu + O \rightarrow CuO \Rightarrow 2Cu + O_2 \rightarrow 2CuO$$

注意 $2H_2O$ の大きい2は分子の数，小さい2は原子の数を表す。

3 物質の分類

物質		単体	化合物
純粋な物質	分子である	水素 H_2，酸素 O_2	二酸化炭素 CO_2，水 H_2O
	分子ではない	銅 Cu，鉄 Fe	塩化ナトリウム NaCl，酸化銅 CuO
混合物	→物質がただ混ざり合ったもの。食塩水など。		

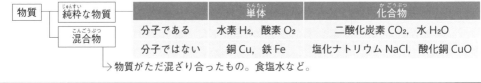

入試データ 炭酸水素ナトリウムの分解はよく出る。発生した液体，気体の確認方法に注意。

実戦トレーニング

➡ 解答・解説は別冊10ページ

1

正答率 **36.3%**

次の化学反応式は，水の電気分解を表している。この化学反応式の説明として適切でないものを，あとの**ア～エ**の中から1つ選び，その記号を書きなさい。↵**3**

千葉県

$$2H_2O \rightarrow 2H_2 + O_2$$

[　　　]

ア 化学反応式の左辺(式の左側)にある $2H_2O$ は，水素原子4個と酸素原子2個が結びついた水分子を表している。

イ 化学反応式の右辺(式の右側)にある O_2 は，酸素原子2個が結びついた酸素分子を表している。

ウ 化学反応式から，水分子2個から水素分子2個と酸素分子1個ができることがわかる。

エ 化学反応式の，左辺と右辺の原子の種類と数は等しく，それぞれ水素原子4個と酸素原子2個である。

2

お急ぎ！

化学変化と水溶液の性質に関する実験について，あとの各問いに答えなさい。↵**1**

愛媛県

【実験】うすい水酸化ナトリウム水溶液を電気分解装置に満たし，一定時間電流を流すと，右の図のように，水が電気分解され，水素，酸素がそれぞれ発生した。電極Pで発生した気体の体積は，電極Qで発生した気体の体積のおよそ2倍であった。

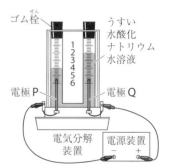
ゴム栓　うすい水酸化ナトリウム水溶液
電極P　電極Q
電気分解装置　電源装置

(1)次の文の①，②の｛　｝の中から適切なものを1つずつ選び，その記号を書きなさい。

①[　　　]　②[　　　]

実験の電極Pで発生した気体は①｛**ア** 水素　　**イ** 酸素｝であり，電極Pは②｛**ウ** 陽極　　**エ** 陰極｝である。

(2)実験で，水の電気分解を起こりやすくするために，純粋な水ではなく，水酸化ナトリウム水溶液を用いた。水酸化ナトリウム水溶液を用いた方が，水の電気分解が起こりやすい理由を，「水酸化ナトリウム水溶液」「純粋な水」「電流」の3つの言葉を用いて，簡潔に書きなさい。

[　　　　　　　　　　　　　　　　　　　　　　　　　　　　　　　]

次の実験について，あとの各問いに答えなさい。🔁**1，3**

三重県・改

【実験】① 右の図のように，質
量 1.00 g の酸化銀を試験管
A に入れ，試験管 A の口を
少し下げてガスバーナーで
加熱した。酸化銀を加熱す
ると気体が発生して，酸化
銀とは色の異なる固体が残

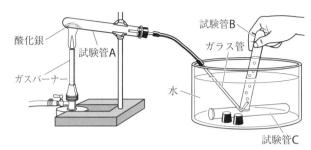

った。実験を始めてすぐに出てきた気体を試験管 B に集めたあと，続けて出てき
た気体を試験管 C に集めた。気体が発生しなくなってから加熱をやめた。

② ①で試験管 C に集めた気体の中に火のついた線香を入れたところ，線香が激しく
燃えた。ただし，①で試験管 C には安全のために水を少し残しておいた。

(1) 酸化銀を加熱する実験のように，試験管に固体を入れて加熱する実験では，図の
ように，加熱する試験管 A の口を少し下げるのはなぜか，次の**ア〜エ**の中から適
切なものを 1 つ選び，その記号を書きなさい。　　　　　　　　　　　[　　　　]

ア 加熱する固体全体を均一に加熱しやすくするため。

イ 加熱する固体全体を高温で加熱しやすくするため。

ウ 実験で気体が発生した場合に，気体をガラス管の方に流れやすくするため。

エ 実験で液体が生じた場合に，液体が加熱部分に流れないようにするため。

(2) 加熱後に試験管 A の中に残った固体の物質は何色か，次の**ア〜エ**の中から適切な
ものを 1 つ選び，その記号を書きなさい。　　　　　　　　　　　　　[　　　　]

ア 白色　　　**イ** 黒色　　　**ウ** 赤色　　　**エ** 茶色

(3) 試験管 A に入れた酸化銀を加熱したときに起きた化学変化を，化学反応式で表す
とどうなるか，書きなさい。ただし，酸化銀の化学式は Ag_2O とする。

[　　　　　　　　　　　　　　　　　　　　　　　　　　　　　　]

(4) この実験のように，1 種類の物質が 2 種類以上の物質に分かれる化学変化の中でも，
特に加熱によって起こる化学変化を何というか，その名称を書きなさい。

[　　　　　　　　　　　]

(5) ②について，①で発生した気体の性質を調べるとき，試験管 B に集めた気体を使
わなかったのはなぜか，その理由を「空気」という言葉を使って，簡潔に書きなさい。

[

4 夏希さんと千秋さんは，物質が何からできているかに興味をもち，物質を分解する実験を行った。これについて，あとの各問いに答えなさい。↻**1**

滋賀県・改

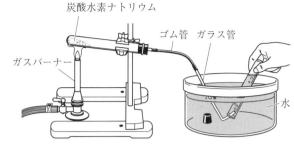

炭酸水素ナトリウム
ゴム管　ガラス管
ガスバーナー
水

【実験】〈方法〉① 炭酸水素ナトリウム3.0 gを乾いた試験管に入れ，右の図のような装置を組み立てる。

② 試験管を弱火で加熱して，発生した気体を水上置換法で試験管に集める。ただし，1本目の試験管に集めた気体は使わずに捨てる。

③ 気体が発生しなくなったら，ａガラス管を水そうからとり出し，加熱をやめる。

④ ②の操作で，試験管に集めた気体が何かを調べる。

⑤ 加熱後の試験管にｂ残っている白い固体，および炭酸水素ナトリウムの性質を調べる。

【結果】

　下の表は⑤で加熱した試験管に残っている白い固体，および炭酸水素ナトリウムの性質を調べるための操作と，その結果をまとめたものである。

	操作	結果
試験管に残っている白い固体	水にとかす。	水によくとける。
	フェノールフタレイン溶液を加える。	溶液は赤色に変わる。
炭酸水素ナトリウム	水にとかす。	水に少しとける。
	フェノールフタレイン溶液を加える。	溶液はうすい赤色に変わる。

(1) 下線部ａについて，このような操作をする理由として適切なものはどれか。次のア〜エの中から1つ選び，その記号を書きなさい。　　　　　　　　[　　　]

　ア　試験管内の気圧が高くなり，ゴム管やガラス管が外れることを防ぐため。

　イ　試験管内の気圧が高くなり，水そうの水が試験管に流れこむことを防ぐため。

　ウ　試験管内の気圧が低くなり，ゴム管やガラス管が外れることを防ぐため。

　エ　試験管内の気圧が低くなり，水そうの水が試験管に流れこむことを防ぐため。

HIGH LEVEL (2) 下線部ｂについて，実験の結果から，試験管に残っている白い固体は，炭酸水素ナトリウムとは別の物質であることがわかる。なぜそのように判断できるか。2つの物質の性質を比較して理由を書きなさい。また，試験管に残っている白い固体の物質名を書きなさい。

　理由[　　　　　　　　　　　　　　　　　　　　　　　　　　　　　　　　]

　　　[　　　　　　　　　　　　　　　　　　　　　　　　　　　　　　　　]

　　　　　　　　物質名[　　　　　　　　　　　　　　　　　　　]

3 さまざまな化学変化

1 物質どうしが結びつく変化

1 鉄と硫黄が結びつく変化…硫化鉄ができる。鉄 + 硫黄 → 硫化鉄($Fe + S → FeS$)

▶鉄と硫黄の混合物(反応前の物質)と硫化鉄(反応後の物質)の比較

	鉄と硫黄の混合物	硫化鉄
磁石に近づける	つく(鉄の性質)	つかない
ようすを見る	粉末状	かたまっている
塩酸を加える	においのない気体(水素)が発生(鉄の性質)	においのある気体(硫化水素)が発生

2 銅と硫黄が結びつく変化…硫化銅ができる。銅 + 硫黄 → 硫化銅($Cu + S → CuS$)

▶硫化銅は，銅とも硫黄ともちがう別の物質である。

2 酸素と結びつく変化

1 酸化…物質が酸素と結びつくこと。

▶酸化によってできた物質を酸化物という。

例 炭素の酸化 炭素 + 酸素 → 二酸化炭素($C + O_2 → CO_2$)

銅の酸化 銅 + 酸素 → 酸化銅($2Cu + O_2 → 2CuO$)

2 燃焼…激しく光や熱を出しながら酸化すること。

3 酸素をとり除く変化

1 還元…酸化物から酸素をとり除く化学変化。

2 還元と酸化…ある化学変化で還元が起こっているとき，同時に酸化も起こっている。

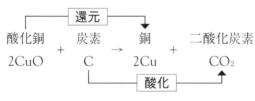

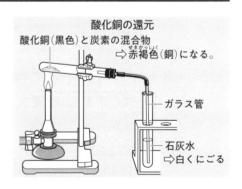

酸化銅の還元
酸化銅(黒色)と炭素の混合物 ⇨赤褐色(銅)になる。
ガラス管
石灰水 ⇨白くにごる

4 化学変化と熱の出入り

1 温度が上がる化学変化…熱エネルギーをまわりに出す。→**発熱反応**

物質A + 物質B ──(化学変化)→ 物質C + 熱エネルギー

▶酸化，燃焼，中和などの反応は発熱反応。

2 温度が下がる化学変化…熱エネルギーをまわりからうばう。→**吸熱反応**

物質D + 物質E + 熱エネルギー ──(化学変化)→ 物質F

▶アンモニアの発生…水酸化バリウムと塩化アンモニウムを混ぜると，温度が下がる。

入試データ 酸化，還元での化学式，化学反応式がよく問われる。書けるように練習しよう。

［実戦トレーニング］

➡ 解答・解説は別冊10ページ

1 物質が熱や光を出しながら激しく酸化されることを何というか。↩**2**　栃木県

正答率 **64.5%**

［　　　　　　　］

2 次の文の［　　　］にあてはまる言葉を書きなさい。↩**4**　北海道［　　　　　　　］

正答率 **81.5%**

化学変化(化学反応)が起こるときに，周囲の熱を吸収して温度が下がる反応を［　　　］反応という。

3 次の実験について，あとの各問いに答えなさい。

↩**1**,**4**　静岡県

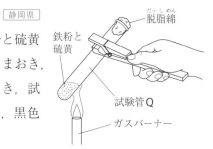

脱脂綿
鉄粉と硫黄
試験管Q
ガスバーナー

【実験】　試験管P，Qを用意し，それぞれに鉄粉と硫黄をよく混ぜ合わせて入れた。試験管Pは，そのままおき，試験管Qは，右の図のように加熱した。このとき，試験管Qでは，光と熱を出す激しい反応が起こり，黒色の硫化鉄ができた。

正答率 **69.2%**

(1) 化学変化が起こるときに熱を放出し，まわりの温度が上がる反応は何とよばれるか。その名称を書きなさい。　　　　　　　　　　　　　［　　　　　　　］

正答率 **75.8%**

(2) 鉄と硫黄が結びついて硫化鉄ができるときの化学変化を，化学反応式で表しなさい。

［　　　　　　　　　　　　　　　　　］

(3) 試験管Pと，反応後の試験管Qに，うすい塩酸を数滴加え，それぞれの試験管で起こる反応を観察した。

正答率 **78.2%**

① 次の文が，試験管Pにうすい塩酸を加えたときに起こる反応について適切に述べたものとなるように，文中の［ (a) ］には言葉を，［ (b) ］には値を，それぞれ補いなさい。　　　　　　(a)[　　　　　]　(b)[　　　　　]

　　塩酸中では，塩化水素は電離して，陽イオンである水素イオンと，陰イオンである［ (a) ］イオンを生じている。うすい塩酸を加えた試験管Pの中の鉄は，電子を失って陽イオンになる。その電子を水素イオンが1個もらって水素原子になり，水素原子が［ (b) ］個結びついて水素分子になる。

② 試験管Qからは気体が発生し，その気体は硫化水素であった。硫化水素は分子からなる物質である。次の**ア～エ**の中から，分子からなる物質を1つ選び，その記号を書きなさい。　　　　　　　　　　　　　　　［　　　　　　　］

　ア 塩化ナトリウム　　**イ** マグネシウム　　**ウ** 銅　　**エ** アンモニア

4 たたら製鉄は，日本古来の製鉄法で，右の図のように炉の中に砂鉄（酸化鉄）と木炭（炭素）を交互に入れ，空気を送りこみながら反応させる。次の**ア～エ**の中で，このときの化学変化について述べたものとして適切なものを1つ選び，その記号を書きなさい。⤴**2, 3**

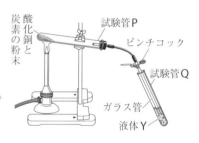

木炭
砂鉄
粘土でつくった炉
空気を送る
製錬した鉄

岩手県

[　　　　]

ア　砂鉄は酸化されて鉄になり，木炭は還元されて二酸化炭素になる。

イ　砂鉄は酸化されて鉄になり，木炭は酸化されて二酸化炭素になる。

ウ　砂鉄は還元されて鉄になり，木炭は酸化されて二酸化炭素になる。

エ　砂鉄は還元されて鉄になり，木炭は還元されて二酸化炭素になる。

5 次の化学変化に関する実験について，あとの各問いに答えなさい。⤴**3**

愛媛県

お急ぎ！

【実験】　黒色の酸化銅と炭素の粉末をよく混ぜ合わせた。これを右の図のように，試験管Pに入れて加熱すると，気体が発生して，試験管Qの液体Yが白くにごり，試験管Pの中に赤色の物質ができた。試験管Pが冷めてから，この赤色の物質をとり出し，性質を調べた。

酸化銅と炭素の粉末
試験管P
ピンチコック
試験管Q
ガラス管
液体Y

(1) 次の文の①，②の｜　　｜の中から，適切なものを1つずつ選び，その記号を書きなさい。

①[　　　]　②[　　　]

　　下線部の赤色の物質を薬さじでこすると，金属光沢が見られた。また，赤色の物質には，①｜ア　磁石につく　　イ　電気をよく通す｜という性質も見られた。これらのことから，赤色の物質は，酸化銅が炭素により②｜ウ　酸化　　エ　還元｜されてできた銅であると確認できた。

(2) 液体Yが白くにごったことから，発生した気体は二酸化炭素であるとわかった。次の**ア～エ**の中で，液体Yとして適切なものを1つ選び，その記号を書きなさい。

[　　　　]

ア　食酢　　イ　オキシドール　　ウ　石灰水　　エ　エタノール

(3) 酸化銅と炭素が反応して銅と二酸化炭素ができる化学変化を，化学反応式で表すとどうなるか。次の化学反応式を完成させなさい。

$2CuO + C \rightarrow$ [　　　　　　　　　　　]

6 次の文は，マグネシウムをガスバーナーで加熱した実験を振り返ったときの，やすおさんと先生の会話文と，その後，やすおさんが疑問に思ったことを別の実験で確かめ，ノートにまとめたものである。あとの各問いに答えなさい。⤴**2,3** 〔三重県〕

① 【やすおさんと先生の会話】

> 先　生：マグネシウムをガスバーナーで加熱すると，どのような化学変化が起きましたか。
>
> やすお：加熱した部分から燃焼が始まり加熱をやめても燃焼し続けました。マグネシウムがあんなに激しく反応するとは思わなかったので驚きました。
>
> 先　生：そうでしたね。では，燃焼したあとの物質のようすはどうでしたか。
>
> やすお：燃焼後はマグネシウムが白い物質になりました。マグネシウムが空気中の酸素と結びついたと考えると，白い物質は酸化マグネシウムだと思います。

② やすおさんは，二酸化炭素で満たした集気びんの中に燃焼しているマグネシウムを入れるとどのようになるのか実験で調べ，次のようにノートにまとめた。

【やすおさんのノートの一部】

> 〈課題〉二酸化炭素で満たした集気びんの中でもマグネシウムは燃焼し続けるのだろうか。
>
> 〈方法〉空気中でマグネシウムをガスバーナーで加熱し，燃焼しているマグネシウムを，右の図のように，二酸化炭素で満たした集気びんに入れた。
>
> 〈結果〉二酸化炭素で満たした集気びんの中でも，マグネシウムは燃焼し続けた。燃焼後，集気びんの中には，酸化マグネシウムと同じような白い物質のほかに，黒い物質もできていた。

二酸化炭素

(1) ①で，マグネシウムを空気中で加熱したときに起きた化学変化を，化学反応式で表すとどうなるか，書きなさい。ただし，できた酸化マグネシウムは，マグネシウムと酸素の原子が1：1の割合で結びついたものとする。

[　　　　　　　　　　　　　　　　　　　　]

(2) ②について，次の(a)，(b)の各問いに答えなさい。

(a) 二酸化炭素で満たした集気びんの中で，マグネシウムが燃焼したときにできる黒い物質は何か，その名称を漢字で書きなさい。　　　　[　　　　　　]

(b) 二酸化炭素で満たした集気びんの中で，マグネシウムが燃焼したときに，二酸化炭素に起きる化学変化を何というか，書きなさい。　　　　[　　　　　　]

4 いろいろな気体とその性質

1 気体の発生

1 酸素…二酸化マンガンにうすい過酸化水素水(オキシドール)を加える。

2 二酸化炭素…石灰石や貝殻にうすい塩酸を加える。

3 水素…亜鉛や鉄にうすい塩酸を加える。

4 アンモニア

①アンモニア水を熱する。

②塩化アンモニウムと水酸化カルシウムを混ぜて熱する。

酸素の発生
過酸化水素水
酸素
二酸化マンガン

2 気体の集め方

水へのとけ方 ─ とけにくい ──────────── 水上置換法
　　　　　　 ─ とけやすい ─ 空気に比べて ─ 密度が小さい ─ 上方置換法
　　　　　　　　　　　　　　　　　　　　 ─ 密度が大きい ─ 下方置換法

①水上置換法で集める気体…酸素, 二酸化炭素, 水素

②上方置換法で集める気体…アンモニア

③下方置換法で集める気体…二酸化炭素, 塩化水素

▶水上置換法は, 純粋な気体を集められる, 集めた気体の量がわかるなどの特徴がある。

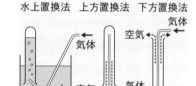

水上置換法　上方置換法　下方置換法

3 気体の性質

1 おもな気体の性質

気体	酸素	二酸化炭素	窒素	水素	アンモニア
色	なし	なし	なし	なし	なし
におい	なし	なし	なし	なし	刺激臭
空気と比べた重さ	少し重い	重い	少し軽い	非常に軽い	軽い
水へのとけやすさ	とけにくい	少しとける	とけにくい	とけにくい	非常にとけやすい
その他の性質	ものを燃やすはたらき(助燃性)がある。	水溶液は酸性。石灰水が白くにごる。	空気の体積の約$\frac{4}{5}$を占める。	空気中で燃えて水になる。	有毒。水溶液はアルカリ性。

2 アンモニアの噴水…右の図で, 装置のスポイトでフラスコ内に水を入れると, アンモニアが水にとけてフラスコ内の気体の圧力が下がり, ビーカー内の水を吸い上げ噴水が起こる。アンモニア水はアルカリ性なので, フェノールフタレイン溶液を加えた水は赤くなる。

アンモニア
水を入れたスポイト
フェノールフタレイン溶液を加えた水

入試データ 気体は, 二酸化炭素, 酸素の実験がよく出題される。気体の集め方は再確認しよう。

実戦トレーニング

➡ 解答・解説は別冊11ページ

 気体に関する次の各問いに答えなさい。↩1,2,3　　　　静岡県・改

正答率 74.0%
(1) 次の**ア〜エ**の中から,二酸化マンガンを入れた試験管に過酸化水素水(オキシドール)を加えたときに発生する気体を1つ選び,その記号を書きなさい。　[　　]

ア 塩素　　**イ** 酸素　　**ウ** アンモニア　　**エ** 水素

(2) 右の図のように,石灰石を入れた試験管 P にうすい塩酸を加えると二酸化炭素が発生する。ガラス管から気体が出始めたところで,試験管 Q,R の順に試験管2本分の気体を集めた。

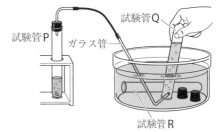

① 試験管 R に集めた気体に比べて,試験管 Q に集めた気体は,二酸化炭素の性質を調べる実験には適さない。その理由を,簡潔に書きなさい。

[　　　　　　　　　　　　　　　　　　　　　　　　　　　　　]

正答率 68.1%
② 二酸化炭素は,水上置換法のほかに,下方置換法でも集めることができる。二酸化炭素を集めるとき,下方置換法で集めることができる理由を,密度という言葉を用いて,簡潔に書きなさい。

[　　　　　　　　　　　　　　　　　　　　　　　　　　　　　]

正答率 63.8%
③ 二酸化炭素を水にとかした水溶液に BTB 溶液を加えると,水溶液は黄色に変化した。次の**ア〜エ**の中から,二酸化炭素を水にとかした水溶液のように,BTB 溶液を加えると黄色に変化するものを1つ選び,その記号を書きなさい。

[　　　]

ア うすい硫酸（りゅうさん）　　　　　　　**イ** 食塩水

ウ エタノール　　　　　　　　　　**エ** 水酸化バリウム水溶液

2 気体を発生させる実験について,次の各問いに答えなさい。↩1,3　　　兵庫県

正答率 69.1%
(1) 石灰石にうすい塩酸を加えたとき,発生する気体の化学式（かがくしき）として適切なものを,次の**ア〜エ**の中から1つ選び,その記号を書きなさい。　[　　]

ア CO_2　　**イ** O_2　　**ウ** Cl_2　　**エ** H_2

(2) (1)で発生した気体を水にとかした水溶液の性質として適切なものを,次の**ア〜エ**の中から1つ選び,その記号を書きなさい。　[　　]

ア　ヨウ素溶液を加えると水溶液は青紫色（あおむらさきいろ）に変わる。

イ　BTB 溶液を加えると水溶液は緑色に変わる。

ウ　青色リトマス紙に水溶液をつけると赤色に変わる。

エ　フェノールフタレイン溶液を加えると水溶液は赤色に変わる。

3　4種類の気体 A～D がある。これらは，水素，酸素，アンモニア，二酸化炭素のいずれかである。太郎さんは，A～D が何かを調べるために，いくつかの実験を行った。**表 1** は，気体ごとに，においと，同じ体積の空気と比べた重さについて調べた実験の結果をまとめたものである。続いて，実験 1・2 を行った。これについて，あとの各問いに答えなさい。↪**3**　愛媛県

表 1

気体	におい	空気と比べた重さ
A	なし	重い
B	なし	軽い
C	なし	重い
D	刺激臭	軽い

【実験 1】**図 1** のように，水が 20 cm³ 入った注射器に，A を 30 cm³ 入れて，上下に振（ふ）り，ピストンが静止したあと，ピストンの先端（せんたん）が示す注射器の目盛りを読んだ。次に，注射器内の水を試験管に入れ，緑色の BTB 溶液を数滴（すうてき）加えて，水の色の変化を観察した。C についても，同じ方法で実験を行った。**表 2** は，その結果をまとめたものである。

図 1

ピストンの先端　注射器　気体 A　水　ゴム管　ピンチコック

表 2

気体	注射器の目盛り	とけた気体の体積	BTB 溶液を加えた液体の色
A	50 cm³	0 cm³	緑色
C	36 cm³	③ cm³	黄色

［すべての物質の温度は同じで，常に一定であり，注射器に入れた水の体積は変化しないものとする。また，とけた気体の体積は，注射器の目盛りをもとに計算した（あたい）値である。］

【実験 2】**図 2** のように，B，D が入った試験管それぞれに，水で湿（しめ）らせた赤色リトマス紙を近づけると，D に近づけた赤色リトマス紙だけが，青色になった。

図 2

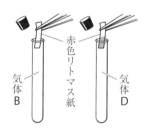

赤色リトマス紙　気体 B　気体 D

HIGH LEVEL (1)次の文の①，②の｛　｝の中から，適切なものを 1 つずつ選び，その記号を書きなさい。また，③にあてはまる適切な数値を書きなさい。

①[　　　]　②[　　　]　③[　　　]

実験 1 で，C は水にとけ，その水溶液が①｛ア　酸性　イ　アルカリ性｝を示したことから，②｛ウ　酸素　エ　二酸化炭素｝であることがわかる。また，このとき，水にとけた C は ③ cm³ であった。

(2)D の気体は何か。その気体の化学式を書きなさい。　　　　　　[　　　　　]

4 気体 A, B, C, D は, 二酸化炭素, アンモニア, 酸素, 水素のいずれかである。気体について調べるために, 次の実験①, ②, ③, ④を順に行った。これについて, あとの各問いに答えなさい。🔁3

栃木県

【実験】① 気体 A, B, C, D のにおいを確認したところ, 気体 A のみ刺激臭がした。

② 気体 B, C, D をポリエチレンの袋に封入して, 実験台に置いたところ, 気体 B を入れた袋のみ浮き上がった。

③ 気体 C, D をそれぞれ別の試験管に集め, 水でぬらしたリトマス試験紙を入れたところ, 気体 C では色の変化が見られ, 気体 D では色の変化が見られなかった。

④ 気体 C, D を 1：1 の体積比で満たした試験管 X と, 空気を満たした試験管 Y を用意し, それぞれの試験管に火のついた線香を入れ, 反応のようすを比較した。

(1) 実験①より, 気体 A は何か。**図 1** の書き方の例にならい, 文字や数字の大きさを区別して, 化学式で書きなさい。

図 1

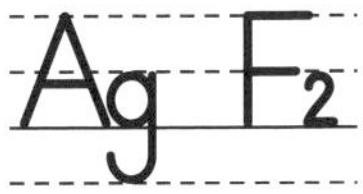

$Ag \quad F_2$

(2) 次の文章は, 実験③について, 結果とわかったことをまとめたものである。(a)〜(c)にあてはまる言葉をそれぞれ書きなさい。

(a)[   ]　(b)[   ]　(c)[   ]

気体 C では, [(a)]色リトマス試験紙が[(b)]色に変化したことから, 気体 C は水にとけると[(c)]性を示すといえる。

正答率 **17.2**%
理由

(3) 実験④について, 試験管 X では, 試験管 Y と比べてどのように反応するか。反応のようすとして, 次の**ア〜ウ**の中から適切なものを 1 つ選び, その記号を書きなさい。また, そのように判断できる理由を, 空気の組成(体積の割合)を表した**図 2** を参考にして簡潔に書きなさい。

図 2

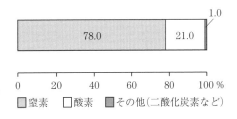

	78.0	21.0	1.0

0　20　40　60　80　100 %
☐窒素　☐酸素　■その他(二酸化炭素など)

記号[   ]

理由[   ]

ア 同じように燃える。

イ 激しく燃える。

ウ すぐに火が消える。

5 水溶液の性質

1 水溶液

1 **物質**が水にとけるようす…物質が非常に小さな粒子となって水全体の中に散らばっていく。

▶**物質が水にとけたとき**…液は透明で濃さはどの部分も均一。時間がたっても変わらない。

2 **水溶液**…水に物質がとけた液体。

❶**溶質**…溶液にとけている物質。例食塩，砂糖

❷**溶媒**…溶質をとかしている液体。例水

❸**溶液**…溶質が溶媒にとけた液全体。例食塩水

3 **質量パーセント濃度**

$$質量パーセント濃度〔\%〕=\frac{溶質の質量〔g〕}{溶液の質量〔g〕}×100$$

$$質量パーセント濃度〔\%〕=\frac{溶質の質量〔g〕}{溶媒の質量〔g〕+溶質の質量〔g〕}×100$$

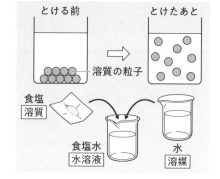

2 溶解度

1 **飽和水溶液**…物質がそれ以上とけきれなくなった水溶液。

▶**飽和**とは物質がそれ以上とけなくなった状態。

2 **溶解度**…100gの水に物質をとかして飽和水溶液にしたときの，とけた物質の質量。

❶物質の種類によって決まっている。

❷水の温度によって変化する。固体の溶解度は，一般に水の温度が高いほど大きい。

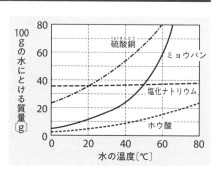

3 再結晶

1 **再結晶**…固体の物質を一度水などの溶媒にとかし，再び結晶としてとり出すこと。

▶**結晶をとり出す方法**

❶溶液の**温度を下げる**。➡ホウ酸，ミョウバンなど
→溶解度の差を利用。

❷水などの溶媒を**蒸発させる**。➡塩化ナトリウムなど

2 **結晶**…いくつかの平面で囲まれた，規則正しい形をした固体。

❶純粋な物質。

❷物質の種類によって，形や色が決まっている。

CHECK! **水を蒸発させたときのようす**

水溶液の水を蒸発させたとき，溶質が固体のときは固体が残り，溶質が気体のときは何も残らない。

塩化ナトリウムの結晶　ミョウバンの結晶

入試データ 質量パーセント濃度の計算問題が多い。「溶質÷溶液」であることに注意。

実戦トレーニング

➡ 解答・解説は別冊11ページ

1 次の**ア**〜**エ**の中から，ろ過のしかたを表した図として，適切なものを1つ選び，その記号を書きなさい。↻**3**

静岡県

正答率 **96.3**%

[　　　　　]

ア　　　　　　　**イ**　　　　　　　**ウ**　　　　　　　**エ**

水溶液
ろ紙
ろうと

ビーカー
ろうと台

ガラス棒

2 20℃の水100gを入れた2つのビーカーに，それぞれ塩化ナトリウムとミョウバンを加えてとかし，飽和水溶液をつくり，**図1**のようにバットに入れた水の中で冷やした。このとき，ミョウバンは結晶として多くとり出すことができたのに対し，塩化ナトリウムはほとんどとり出すことができなかった。これについて，次の各問いに答えなさい。↻**1,2,3**

山口県

図1

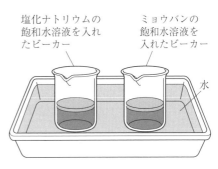

塩化ナトリウムの
飽和水溶液を入れ
たビーカー

ミョウバンの
飽和水溶液を
入れたビーカー

水

(1) 水溶液における水のように，溶質をとかしている液体を何というか，書きなさい。

[　　　　　]

(2) 塩化ナトリウムが結晶としてほとんどとり出すことができなかったのはなぜか。**図2**をもとに，「温度」と「溶解度」という言葉を用いて，簡潔に書きなさい。

[

]

図2

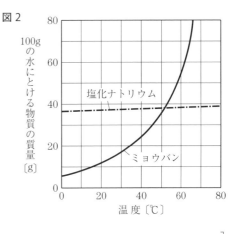

100gの水にとける物質の質量〔g〕

塩化ナトリウム

ミョウバン

温度〔℃〕

3 次の表は、水の温度と 100 g の水にとけるホウ酸の質量との関係を表したものである。これについて、あとの各問いに答えなさい。 ⤴1, 2, 3　[高知県]

水の温度〔℃〕	0	20	40	60	80
100 g の水にとけるホウ酸の質量〔g〕	3	5	9	15	24

正答率 21.0%
(1) 40 ℃におけるホウ酸の飽和水溶液の質量パーセント濃度は何%か。答えは小数第2位を四捨五入して答えなさい。　[　　　　　]

正答率 22.2%
(2) 60 ℃におけるホウ酸の飽和水溶液 115 g に水 100 g を加えたあと、20 ℃まで冷却すると、再結晶するホウ酸は何 g か。　[　　　　　]

4 下の図は、3種類の物質 A ～ C について 100 g の水にとける物質の質量と温度の関係を表している。これについて、次の各問いに答えなさい。 ⤴1, 2, 3　[兵庫県]
お急ぎ!

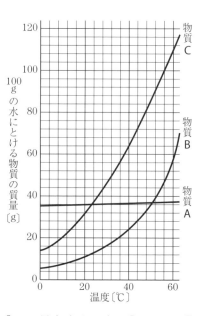

正答率 81.9%
(1) 60 ℃の水 150 g が入ったビーカーを3つ用意し、物質 A ～ C をそれぞれ 120 g 加えたとき、すべてとけることができる物質として適切なものを、A ～ C の中から1つ選び、その記号を書きなさい。　[　　　　]

正答率 70.1%
(2) 40 ℃の水 150 g が入ったビーカーを3つ用意し、物質 A ～ C をとけ残りがないようにそれぞれ加えて3種類の飽和水溶液をつくり、この飽和水溶液を 20 ℃に冷やすと、すべてのビーカーで結晶が出てきた。出てきた結晶の質量が最も多いものと最も少ないものを、A ～ C の中から1つずつ選び、その記号を書きなさい。

最も多いもの[　　　　] 　　最も少ないもの[　　　　]

(3) 水 150 g を入れたビーカーを用意し、物質 C を 180 g 加えて、よくかき混ぜた。

正答率 36.4%
① 物質 C をすべてとかすためにビーカーを加熱したあと、40 ℃まで冷やしたとき、結晶が出てきた。また、加熱により水 10 g が蒸発していた。このとき出てきた結晶の質量は何 g と考えられるか。結晶の質量として適切なものを、次のア～エの中から1つ選び、その記号を書きなさい。　[　　　　]

ア　60.4 g　　イ　84.0 g　　ウ　90.4 g　　エ　140.0 g

正答率 34.9%
② ①のときの水溶液の質量パーセント濃度として適切なものを、次のア～エの中から1つ選び、その記号を書きなさい。　[　　　　]

ア　33 %　　イ　39 %　　ウ　60 %　　エ　64 %

6 化学変化と物質の質量

1 化学変化と質量の変化

❶ 質量保存の法則…化学変化の前後で，全体の質量は変化しない。

$2H_2 + O_2$ → $2H_2O$

質量は同じ。

水素原子
酸素原子
水の分子

▶化学変化の前後で，原子の組み合わせは変わるが，全体の原子の種類や数は変化しない。

❷ 気体が発生する化学変化と質量

❶ 密閉容器内で反応…反応前の質量＝反応後の質量 ➡ 発生した気体は容器の外に出ない。

❷ ふたをとった状態で反応…反応前の質量＞反応後の質量 ➡ 気体が容器の外に出る。

❸ 沈殿のできる化学変化と質量…反応前の質量＝反応後の質量 ➡ 沈殿ができても変わらない。

❹ 金属の加熱と質量…加熱前の質量＜加熱後の質量 ➡ 結びついた酸素の分だけ質量は大きくなる。

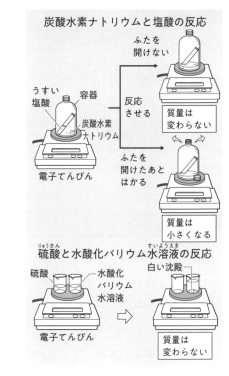

炭酸水素ナトリウムと塩酸の反応

ふたを開けない → 質量は変わらない

うすい塩酸　容器　炭酸水素ナトリウム

反応させる

ふたを開けたあとはかる → 質量は小さくなる

電子てんびん

硫酸と水酸化バリウム水溶液の反応

硫酸　水酸化バリウム水溶液

白い沈殿

質量は変わらない

電子てんびん

2 化学変化と質量の割合

❶ 化学変化と質量の比…化学変化では，反応する物質の質量の比は常に一定である。

❶ 銅の酸化…銅の質量と，結びつく酸素の質量は比例する。

銅：酸素＝4：1

銅：酸化銅＝4：5

❷ マグネシウムの燃焼…マグネシウムの質量と，結びつく酸素の質量は比例する。

マグネシウム：酸素＝3：2

マグネシウム：酸化マグネシウム＝3：5

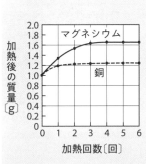

加熱回数と質量の変化

マグネシウム
銅

加熱後の質量〔g〕

加熱回数〔回〕

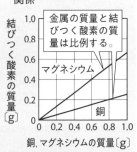

銅，マグネシウムの質量と結びつく酸素の質量との関係

金属の質量と結びつく酸素の質量は比例する。

マグネシウム
銅

結びつく酸素の質量〔g〕

銅，マグネシウムの質量〔g〕

実戦トレーニング

➡ 解答・解説は別冊12ページ

1 銅の粉末を黒色になるまで十分に加熱して，完全に酸化したあとの粉末の質量をはかり，加熱前の銅の粉末の質量と加熱後の粉末の質量との関係を右の図に表した。銅 1.2 g を十分に加熱し，完全に酸化したとき，この銅に結びついた酸素の質量は何 g か。

↻**1, 2**　　　　　　　　　　　　　　北海道

[　　　　　　　　　　　　]

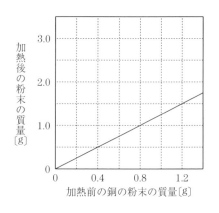

2 化学変化と原子・分子に関して，次の各問いに答えなさい。↻**1, 2**　　静岡県

【実験】 3つのステンレス皿 A～C を用意する。**図1** のように，ステンレス皿 A に銅粉 0.4 g を入れ，5分間加熱する。その後十分に冷ましてから，加熱後の物質の質量をはかる。このように，5分間加熱してから質量をはかるという操作を何回かくり返し，加熱後の物質の質量の変化を調べた。その後，ステンレス皿 B に 0.6 g，ステンレス皿 C に 0.8 g の銅粉を入れ，同様の実験を行った。**図2** は，このときの，加熱回数と加熱後の物質の質量の関係を表したものである。

正答率 **71.4%** (1) **図2** から，加熱をくり返していくと，ステンレス皿 A～C の加熱後の物質の質量が変化しなくなることがわかる。加熱をくり返していくと，ステンレス皿 A ～C の加熱後の物質の質量が変化しなくなる理由を，簡潔に書きなさい。

[　　　　　　　　　　　　　　　　　]

正答率 **48.2%** (2) **図2** をもとにして，銅粉を，質量が変化しなくなるまで十分に加熱したときの，銅の質量と結びつく酸素の質量の関係を表すグラフを，**図3** にかきなさい。

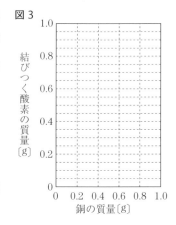

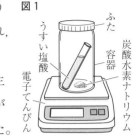

3

化学変化における物質の質量について調べるために，次の実験①，②，③を順に行った。これについて，あとの各問いに答えなさい。⮌**1**, **2**

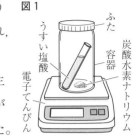

栃木県

【実験】　①同じ容器AからEを用意し，それぞれの容器にうすい塩酸25gと，異なる質量の炭酸水素ナトリウムを入れ，図1のように容器全体の質量をはかった。

②容器を傾けて2つの物質を反応させたところ，気体が発生した。炭酸水素ナトリウムの固体が見えなくなり，気体が発生しなくなったところで，再び容器全体の質量をはかった。

③容器のふたをゆっくりゆるめて，容器全体の質量をはかった。このとき，発生した気体は容器内に残っていないものとする。表は，実験結果をまとめたものである。

	A	B	C	D	E
加えた炭酸水素ナトリウムの質量〔g〕	0	0.5	1.0	1.5	2.0
反応前の容器全体の質量〔g〕	127.5	128.0	128.5	129.0	129.5
反応後にふたをゆるめるまでの質量〔g〕	127.5	128.0	128.5	129.0	129.5
反応後にふたをゆるめたあとの質量〔g〕	127.5	127.8	128.1	128.4	128.7

正答率 65.1%

(1)実験②において，発生した気体の化学式を図2の書き方の例にならい，文字や数字の大きさを区別して書きなさい。

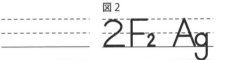

正答率 69.1%

(2)実験結果について，加えた炭酸水素ナトリウムの質量と発生した気体の質量との関係を表すグラフを右の図にかきなさい。また，炭酸水素ナトリウム3.0gで実験を行うと，発生する気体の質量は何gになると考えられるか。

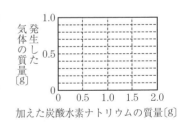

発生する気体の質量[　　　　　　]

正答率 29.6%

(3)今回の実験①，②，③をふまえ，次の仮説を立てた。

> 　塩酸の濃度を濃くして，それ以外の条件は変えずに同じ手順で実験を行うと，容器BからEまでで発生するそれぞれの気体の質量は，今回の実験と比べてふえる。

検証するために実験を行ったとき，結果は仮説の通りになるか。なる場合には〇を，ならない場合には×を書き，そのように判断できる理由を簡潔に書きなさい。

記号[　　　　　]

理由[　　　　　　　　　　　　　　　　　　　　　　　　　　　　]

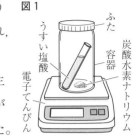

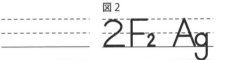

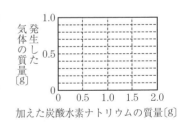

図2　2F₂ Ag

図2

4 金属を加熱したときの変化について調べるため，次の実験を行った。これについて，あとの各問いに答えなさい。なお，ステンレスの皿は加熱による質量の変化がないものとする。⤴**1, 2**

千葉県

【実験】 ① 銅の粉末を 0.40 g はかりとった。

② 右の図のように，はかりとった銅の粉末を，質量がわかっているステンレスの皿に広げた。銅の粉末をかき混ぜながらガスバーナーで十分に加熱して反応させ，よく冷ましたあと，皿全体の質量をはかった。このような加熱と質量の測定を皿全体の質量が変化しなくなるまでくり返し，変化しなくなった皿全体の質量から皿の質量を引いて，反応後の物質の質量を求めた。

③ 銅の粉末の質量を 0.60 g，0.80 g，1.00 g，1.20 g と変えて，②と同様の手順でそれぞれの銅の粉末を加熱し，反応後の物質の質量を調べた。

下の表は，実験の結果をまとめたものである。

銅の粉末の質量〔g〕	0.40	0.60	0.80	1.00	1.20
反応後の物質の質量〔g〕	0.50	0.74	1.00	1.26	1.50

(1) 実験で，銅を空気中で加熱してできた物質は，銅と酸素が結びついてできた酸化銅である。このときに起きた変化を，化学反応式で書きなさい。

[   ]

正答率 27.7%

(2) 表の結果をもとに，銅の粉末の質量と，銅の粉末と結びついた酸素の質量との関係を表すグラフを完成させなさい。ただし，グラフの縦軸には目盛りとして適切な数値を書くこと。なお，グラフ上の ● は，銅の粉末の質量が 0.40 g のときの値を示している。

縦軸：銅の粉末と結びついた酸素の質量〔g〕
横軸：銅の粉末の質量〔g〕

(3) 実験において，皿に入れる物質を銅からマグネシウムにかえて同様に加熱すると，マグネシウムと酸素が結びついて酸化マグネシウムができた。このとき，マグネシウムの質量とマグネシウムと結びつく酸素の質量の比は 3：2 であることがわかった。2.7 g のマグネシウムが酸素と完全に結びついたときにできる酸化マグネシウムの質量は何 g か，書きなさい。

[   ]

7 化学変化とエネルギー（電池）

1 電池のしくみ

1 電池（化学電池）…化学変化によって，物質がもつ化学エネルギーを電気エネルギーに変換してとり出す装置。

2 ダニエル電池…亜鉛板と銅板，硫酸亜鉛水溶液と硫酸銅水溶液を用いた電池。
→ $ZnSO_4 \rightarrow Zn^{2+} + SO_4^{2-}$　→ $CuSO_4 \rightarrow Cu^{2+} + SO_4^{2-}$

▶銅よりも亜鉛の方がイオンになりやすい。

➡ **亜鉛板が－極，銅板が＋極**になる。

❶－極での変化…亜鉛板の表面がぼろぼろになる。

▶亜鉛原子 Zn が電子を 2 個失って，亜鉛イオン Zn^{2+} になってとけ出す。

$$Zn \rightarrow Zn^{2+} + 2e^-$$

▶亜鉛板に残った電子は，導線を通って銅板へ移動する。

❷＋極での変化…銅板に赤い物質が付着し，
→銅
水溶液の青色がうすくなる。
→銅イオンの色

▶銅イオン Cu^{2+} が亜鉛板から移動してきた電子を 2 個受けとって銅原子 Cu となって付着する。

$$Cu^{2+} + 2e^- \rightarrow Cu$$

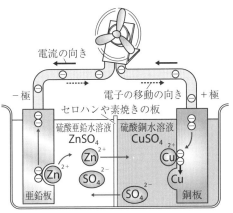

電流の向き

－極　　電子の移動の向き　　＋極

セロハンや素焼きの板

硫酸亜鉛水溶液 $ZnSO_4$　硫酸銅水溶液 $CuSO_4$

亜鉛板　　銅板

❸セロハンや素焼きの板の役割

▶硫酸亜鉛水溶液と硫酸銅水溶液がすぐに混ざらないようにする。

➡ 銅イオンが亜鉛原子から直接電子を受けとらないようにする。

▶－極側は亜鉛イオンがふえ続け，＋極側は銅イオンが減り続ける。

➡ －極側から＋極側へ亜鉛イオン，＋極側から－極側へ硫酸イオンが移動。

➡ 陽イオンと陰イオンによる電気的なかたよりができにくくなる。

2 いろいろな電池

1 一次電池…使うと電圧が低下し，もとにもどらない電池。

例 マンガン乾電池，リチウム電池

2 二次電池…充電するとくり返し使える電池。**例** 鉛蓄電池，リチウムイオン電池
→外部から逆向きの電流を流して電圧を回復させる操作。

3 燃料電池…水の電気分解と逆の化学変化を利用して，水素と酸素がもつ化学エネルギーを電気エネルギーとしてとり出す装置。

▶水素 H_2 と酸素 O_2 から水 H_2O が生じる。$2H_2 + O_2 \rightarrow 2H_2O$
→水だけが生じるので，環境に対する悪影響が少ない。

入試データ ダニエル電池に関する出題が多い。水溶液中のイオンの変化を整理しておこう。

次の実験について，あとの各問いに答えなさい。↻1　　　　　　　三重県

【実験】〈目的〉金属と電解質の水溶液を用いてダニエル電池をつくり，電気エネルギーをとり出せるかどうかを調べる。

〈方法〉① 右の図のように，素焼きの容器をビーカーに入れ，素焼きの容器の中に14％硫酸銅水溶液を入れた。

② ビーカーの素焼きの容器が入っていない方に，5％硫酸亜鉛水溶液を入れた。

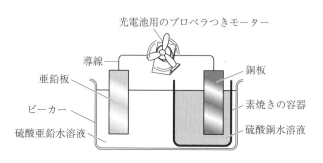

③ それぞれの水溶液に銅板，亜鉛板をさしこみ，ダニエル電池を組み立てた。

④ ダニエル電池に光電池用のプロペラつきモーターをつなぎ，電気エネルギーをとり出せるかを調べた。電池にプロペラつきモーターをしばらくつないだままにしたあと，金属板のようすを観察した。

〈結果〉ダニエル電池に光電池用のプロペラつきモーターをつなぐと，プロペラつきモーターが回転した。電池にプロペラつきモーターをしばらくつないだままにしたあとの金属板のようすは，右の表のようになった。

	金属板のようす
亜鉛板	X
銅板	表面に新たな銅が付着していた。

(1) 表の中の　　X　　に入ることがらは何か，次のア～エの中から適切なものを1つ選び，その記号を書きなさい。　　　　　［　　　　］

　ア　表面に新たな亜鉛が付着していた。　　イ　表面に銅が付着していた。

　ウ　表面がぼろぼろになり，細くなっていた。　エ　表面から気体が発生していた。

(2) 次の文は，素焼きの容器がないと，電池のはたらきをしなくなる理由について説明したものである。文中の　①　～　④　に入る言葉はそれぞれ何か，あとのア～エの中から適切な組み合わせを1つ選び，その記号を書きなさい。　　［　　　　］

　　素焼きの容器がないと，2つの電解質水溶液がはじめから混じり合い，　①　イオンが　②　原子から直接電子を受けとり，　③　板に　④　が現れ，導線では電子の移動がなくなるから。

　ア　①銅　②亜鉛　③銅　④亜鉛　　イ　①銅　②亜鉛　③亜鉛　④銅

　ウ　①亜鉛　②銅　③銅　④亜鉛　　エ　①亜鉛　②銅　③亜鉛　④銅

2

ダニエル電池のしくみについて調べるために，金属板と水溶液を用いて次の実験を行った。これについて，あとの各問いに答えなさい。↩**1**

高知県

【実験】下の図のように，ダニエル電池用水そうの内部をセロハンで仕切り，水そうの一方に硫酸亜鉛水溶液を，もう一方に硫酸銅水溶液を，水溶液の液面の高さが同じになるように入れた。亜鉛板を硫酸亜鉛水溶液に，銅板を硫酸銅水溶液にそれぞれ入れ，亜鉛板と銅板をプロペラつき光電池用モーターにつなぐと，プロペラが回転した。プロペラをしばらく回転させたあと，亜鉛板と銅板の表面のようすを観察した。

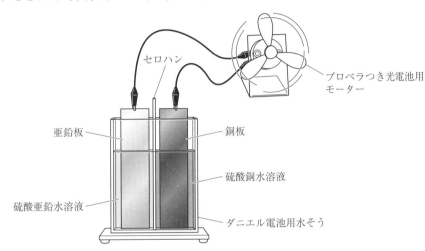

正答率16.7%

(1)実験において，プロペラが回転しているときに亜鉛板の表面で起こっている化学変化を，化学反応式で書きなさい。ただし，電子は e⁻ を使って表すものとする。

[   ]

(2)実験において，プロペラをしばらく回転させると，銅板の表面にある物質が付着した。その物質の名称を書きなさい。　　　　　　　[   ]

(3)ダニエル電池の＋極と－極，電子の移動の向きの組み合わせとして正しいものを，次の**ア**～**エ**の中から１つ選び，その記号を書きなさい。　　[   ]

　　ア　＋極：亜鉛板　　－極：銅板　　　　電子の移動の向き：亜鉛板から銅板へ

　　イ　＋極：亜鉛板　　－極：銅板　　　　電子の移動の向き：銅板から亜鉛板へ

　　ウ　＋極：銅板　　　－極：亜鉛板　　　電子の移動の向き：亜鉛板から銅板へ

　　エ　＋極：銅板　　　－極：亜鉛板　　　電子の移動の向き：銅板から亜鉛板へ

正答率9.1%

(4)実験のダニエル電池用水そう内では，硫酸亜鉛水溶液と硫酸銅水溶液はセロハンによって仕切られている。セロハンが果たしている役割を，「イオン」という言葉を使って，簡潔に書きなさい。

[

3

電池について，次の実験を行った。これについて，あとの各問いに答えなさい。⤵**2**

【実験】図1のような電気分解装置にうすい水酸化ナトリウム水溶液を満たし，電源
装置につなぎ，電気分解を行った。その後，図2のように，電子オルゴールの⊕を
電極Xに，⊖を電極Yにつなぐと電子オルゴールが鳴ったことから，図2の電気分
解装置は電池としてはたらいていることがわかった。

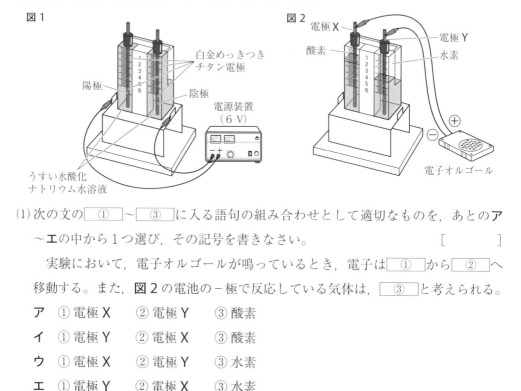

図1　　　　　　白金めっきつき
　　　　　　　　チタン電極
陽極　　　　　　陰極
　　　　　　　　　　電源装置
　　　　　　　　　　（6 V）
うすい水酸化
ナトリウム水溶液

図2　電極X　　　　　　　電極Y
酸素　　　　　　　　　　水素
　　　　　　　　　　　　⊕
　　　　　　　　　　　　⊖
　　　　　　　　　　　電子オルゴール

(1) 次の文の ① ～ ③ に入る語句の組み合わせとして適切なものを，あとの**ア**
　～**エ**の中から1つ選び，その記号を書きなさい。　　　　　　　　[　　　]

　　実験において，電子オルゴールが鳴っているとき，電子は ① から ② へ
移動する。また，**図2**の電池の－極で反応している気体は， ③ と考えられる。

ア　①電極X　　②電極Y　　③酸素

イ　①電極Y　　②電極X　　③酸素

ウ　①電極X　　②電極Y　　③水素

エ　①電極Y　　②電極X　　③水素

(2) **図2**の電池では，水の電気分解と逆の化学変化によって，水素と酸素から水が生
じるとともに，エネルギーが変換される。エネルギーの変換と電池の利用につい
て説明した次の文の ① ， ② に入る語句の組み合わせとして適切なものを，
あとの**ア**～**エ**の中から1つ選び，その記号を書きなさい。また， ③ に入る電
池として適切なものを，あとの**ア**～**エ**から1つ選び，その記号を書きなさい。

　　　　　　　　　　　　　　　　　　　①・②[　　　　]　③[　　　　]

　　図2の電池は，水素と酸素がもつ ① エネルギーを， ② エネルギーとし
て直接とり出す装置であり， ③ 電池とよばれる。 ③ 電池は，ビルや家庭
用の電源，自動車の動力として使われている。

【①・②の語句の組み合わせ】	**ア**　①電気　　②音	**イ**　①化学　　②電気
	ウ　①電気　　②化学	**エ**　①化学　　②音
【③の電池】	**ア**　燃料 **イ**　ニッケル水素	
	ウ　鉛蓄 **エ**　リチウムイオン	

出題率 **31%**

8 身のまわりの物質とその性質

1 有機物・無機物，金属

❶ 有機物…炭素をふくむ物質。

例 砂糖，ろう，プラスチックなど。

▶**性質**…燃やすと炭ができ，さらに加熱すると，二酸化炭素と水ができる。

❷ 無機物…有機物以外の物質。炭素をふくまない。
_{ただし，炭素，一酸化炭素，二酸化炭素は無機物。}

例 塩化ナトリウム，金属など。

❸ 金属…次の❶〜❹の性質をもつ。

例 鉄，アルミニウム，銅など。

▶**金属に共通な性質** （磁石につく性質は，金属共通の性質ではない。）

❶電気をよく通す。**❷**熱をよく伝える。**❸**みがくと特有の光沢がある(金属光沢)。

❹たたいて広げたり(展性)，引きのばしたり(延性)することができる。

❹ 非金属…金属以外の物質。**例** ガラス，プラスチックなど。

有機物 → 石灰水が白くにごる

2 密度

❶ 密度…物質 1 cm³ あたりの質量。物質によって，固有の値をもつ。

$$物質の密度〔g/cm^3〕=\frac{物質の質量〔g〕}{物質の体積〔cm^3〕}$$

_{密度が 1 g/cm³ より小さいと水に浮く。}

物質の質量＝密度×体積

$$物質の体積＝\frac{質量}{密度}$$

CHECK! 物質の区別

密度が同じものは，同じ物質からできていると考えられる。

❷ 密度とものの浮き沈み…液体よりも**密度が小さい**物質は液体に**浮き**，液体より**密度が大きい**物質は液体に**沈む**。

3 実験器具の使い方

❶ ガスバーナーの使い方の順序

❶ガス調節ねじ，空気調節ねじの２つのねじがしまっていることを確認し，元栓やコックを開く。

❷マッチの炎を近づけてからガス調節ねじを開く。

❸ガス調節ねじで炎の大きさを調節する。

❹空気調節ねじを開き，青色の炎にする。

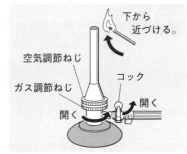
下から近づける。
空気調節ねじ
コック
ガス調節ねじ
開く　開く

❷ メスシリンダーの目盛りの読み方

▶メスシリンダーは水平なところに置き，液面のいちばん低い位置を真横から水平に見て，**最小目盛り**の$\frac{1}{10}$まで目分量で読みとる。

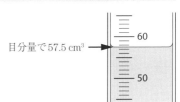
目分量で57.5 cm³

実戦トレーニング

➡ 解答・解説は別冊14ページ

1 無機物として最も適切なものを，次の**ア**～**エ**の中から1つ選び，その記号を書きなさい。↩**1** 　千葉県 [　　　]

ア エタノール　**イ** 砂糖　**ウ** 食塩　**エ** プラスチック

2 飲料用のかんには，スチールかんとアルミニウムかんがよく使われている。スチールかんとアルミニウムかんを区別するためには，質量や体積をはかるほかにどのような方法があるか，簡潔に書きなさい。↩**1** 　富山県

[　　　　　　　　　　　　　　　　　　　　　　　　　　　　　　　　]

3 右の図は，ガスバーナーにオレンジ色の炎がついているようすを模式的に表したものである。ガスの量は変えずに，オレンジ色の炎を青色の炎に調節するには，どのような操作をすればよいか。次の**ア**～**エ**の中から適切なものを1つ選び，その記号を書きなさい。ただし，XとYは，ガスバーナーのガス調節ねじと空気調節ねじのいずれかを示したものである。↩**3** 　千葉県 [　　　]

正答率 **77.3**%

元栓　コック　X　Y

ア Yをおさえて，Xだけを少しずつ閉じる（しめる）。
イ Yをおさえて，Xだけを少しずつ開く（ゆるめる）。
ウ Xをおさえて，Yだけを少しずつ閉じる（しめる）。
エ Xをおさえて，Yだけを少しずつ開く（ゆるめる）。

4 100 mLまで体積を測定することのできるメスシリンダーを用いて，液体75.0 mLをはかりとった。次の ① ， ② にあてはまる適切なものを，①は**ア**～**ウ**から，②は**エ**～**キ**から1つずつ選び，その記号を書きなさい。↩**3** 　岐阜県

①[　　　] 　②[　　　]

　はかりとったときの，目盛りを読みとる目の位置は液面 ① であり，メスシリンダーの目盛りと液面のようすを表したものは ② である。

ア より低い位置　**イ** と同じ高さ　**ウ** より高い位置

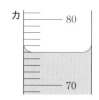
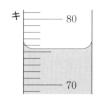

5 銅球と金属球 A〜G の密度を求めるために，次の実験を行った。これについて，あとの各問いに答えなさい。↩**2, 3**

愛媛県

【実験】 銅球の質量を測定し，糸で結んだあと，**図1**のように，メスシリンダーに水を 50 cm³ 入れ，銅球全体を沈めて，体積を測定した。次に，A〜G についても，それぞれ同じ方法で実験を行い，その結果を**図2**に表した。ただし，A〜G は，4 種類の金属のうちのいずれかでできた空洞（くうどう）のないものであり，それぞれ純粋（じゅんすい）な物質とする。また，質量や体積は 20 ℃で測定することとし，糸の体積は考えないものとする。

図1

図2
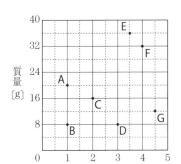

(1) 18 g の銅球を用いたとき，実験後のメスシリンダーは**図3**のようになった。銅の密度は何 g/cm³ か。

[　　　　　　　]

(2) 4 種類の金属のうち，1 つは密度 7.9 g/cm³ の鉄である。A〜G のうち，鉄でできた金属球として適切なものをすべて選び，その記号を書きなさい。

[　　　　　　　]

図3
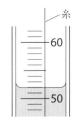

図1の液面付近を模式的に表しており，液面のへこんだ面は，真横から水平に見て，目盛りと一致している。

HIGH LEVEL (3) **図4**は，**図2**に 2 本の直線 ℓ，m を引き，Ⅰ〜Ⅳの 4 つの領域に分けたものである。次のア〜エの中で，Ⅰ〜Ⅳの各領域にある物質の密度について述べたものとして適切なものを 1 つ選び，その記号を書きなさい。ただし，Ⅰ〜Ⅳの各領域に重なりはなく，直線 ℓ，m 上はどの領域にもふくまれないものとする。

[　　　　　　　]

ア 領域Ⅰにあるどの物質の密度も，領域Ⅳにあるどの物質の密度より小さい。

イ 領域Ⅱにある物質の密度と領域Ⅳにある物質の密度は，すべて等しい。

ウ 領域Ⅲにあるどの物質の密度も，領域Ⅳにあるどの物質の密度より大きい。

エ 領域Ⅲにあるどの物質の密度も，領域Ⅰにあるどの物質の密度より小さい。

9 酸・アルカリとイオン

1 酸性，アルカリ性，中性の水溶液の性質

	酸性の水溶液	中性の水溶液	アルカリ性の水溶液
リトマス紙の色	青色→赤色	色は変化しない	赤色→青色
BTB 溶液の色	黄色	緑色	青色
その他の性質	マグネシウムを入れると水素が発生	—	フェノールフタレイン溶液が赤色を示す
水溶液の例	塩酸，酢酸(食酢)	塩化ナトリウム水溶液，砂糖水	水酸化ナトリウム水溶液，石灰水

1 酸…水溶液にしたとき，**水素イオン H⁺を生じる物質。**

   酸→H⁺＋陰イオン　　**例**　HCl → H⁺ + Cl⁻
   　　　　　　　　　　　　　　　　　　└→塩化物イオン

2 アルカリ…水溶液にしたとき，**水酸化物イオン OH⁻を生じる物質。**

   アルカリ→陽イオン＋OH⁻　　**例**　NaOH → Na⁺ + OH⁻
   　　　　　　　　　　　　　　　　　　　　　└→ナトリウムイオン

3 pH(ピーエイチ)…酸性・アルカリ性の強さを表すのに用いる数値。

   ▶pH0～pH14 で表し，**pH7 が中性。**値が小さいほど酸性が強く，値が大きいほどアルカリ性が強くなる。

2 中和と塩

1 中和…酸性の水溶液とアルカリ性の水溶液を混ぜると，たがいの性質を打ち消し合い，**酸の水素イオンと，アルカリの水酸化物イオンが結びついて，水ができる反応。**

   H⁺＋ OH⁻→ H₂O

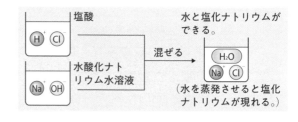

2 塩…**酸の陰イオンと，アルカリの陽イオンが結びついてできる物質。**

   例　塩酸と水酸化ナトリウム水溶液の中和　　HCl + NaOH　　→　NaCl + H₂O
   　　　硫酸と水酸化バリウム水溶液の中和　　H₂SO₄ + Ba(OH)₂　→　BaSO₄ + 2H₂O
   　　　　　　　　　　　　　　　　　　　　　　　　　　　　　　　　　　塩　　　　水

3 塩酸に水酸化ナトリウム水溶液を加えたときの反応…できる塩は，塩化ナトリウム。

   ❶水酸化ナトリウム水溶液(NaOH)を少しでも加えると中和が起こる。

   ❷さらに水酸化ナトリウム水溶液を加えると，中性になる。

   ❸さらに水酸化ナトリウム水溶液を加えると，アルカリ性になる。

入試データ 中和にともなうイオンの数の変化を表すグラフを選ぶ出題がよく見られる。

実戦トレーニング

➡ 解答・解説は別冊14ページ

 1 水溶液とイオンに関する次の各問いに答えなさい。↺**1**　〔愛媛県〕

【実験】右の図のように，電流を流れやすくするために中性の水溶液をしみこませたろ紙の上に，青色リトマス紙 **A**，**B** と赤色リトマス紙 **C**，**D** を置いたあと，うすい水酸化ナトリウム水溶液をしみこませた糸を置いて，電圧を加えた。しばらくすると，赤色リトマス紙 **D** だけ色が変化し，青色になった。

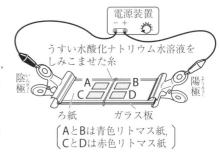

(1) 次の文の①，②の┊　┊の中から，適切なものを1つずつ選び，その記号を書きなさい。　　　　　　　　　　　　①[　　　]　②[　　　]

　　実験で，赤色リトマス紙の色が変化したので，水酸化ナトリウム水溶液はアルカリ性を示す原因となるものをふくんでいることがわかる。また，赤色リトマス紙は陽極側で色が変化したので，色を変化させたものは①┊**ア**　陽イオン　　**イ**　陰イオン┊であることがわかる。これらのことから，アルカリ性を示す原因となるものは②┊**ウ**　ナトリウムイオン　　**エ**　水酸化物イオン┊であると確認できる。

(2) うすい水酸化ナトリウム水溶液を，ある酸性の水溶液にかえて，実験と同じ方法で実験を行うと，リトマス紙 **A**〜**D** のうち，1枚だけ色が変化した。色が変化したリトマス紙はどれか。**A**〜**D** の記号を書きなさい。　　　　　　　　[　　　]

 2 中和について調べるために，次の実験①，②，③を順に行った。これについて，あとの各問いに答えなさい。↺**1,2**　〔栃木県〕

【実験】① ビーカーにうすい塩酸 $10.0\,cm^3$ を入れ，緑色のBTB溶液を数滴入れたところ，水溶液の色が変化した。

② 実験①のうすい塩酸に，うすい水酸化ナトリウム水溶液をよく混ぜながら少しずつ加えていった。$10.0\,cm^3$ 加えたところ，ビーカー内の水溶液の色が緑色に変化した。ただし，沈殿は生じず，この段階で水溶液は完全に中和したものとする。

③ 実験②のビーカーに，続けてうすい水酸化ナトリウム水溶液をよく混ぜながら少しずつ加えていったところ，水溶液の色が緑色から変化した。ただし，沈殿は生じなかった。

正答率 **73.8**%

(1)実験①において，変化後の水溶液の色と，その色を示すもととなるイオンの名称の組み合わせとして正しいものはどれか。右の**ア〜エ**の中から1つ選び，その記号を書きなさい。 [　　　]

	水溶液の色	イオンの名称
ア	黄色	水素イオン
イ	黄色	水酸化物イオン
ウ	青色	水素イオン
エ	青色	水酸化物イオン

正答率 **61.8**%

(2)実験②で中和した水溶液から，結晶として塩をとり出す方法を簡潔に書きなさい。

[　　　　　　　　　　　　　　　　　　　　　　　　　　　　　　　　　　　　　]

正答率 **18.1**%

(3)実験②の下線部について，うすい水酸化ナトリウム水溶液を5.0 cm³加えたとき，水溶液中のイオンの数が，同じ数になると考えられるイオンは何か。考えられるすべてのイオンの化学式を，図の書き方の例にならい，文字や記号，数字の大きさを区別して書きなさい。

$$2F_2 \quad Mg^{2+}$$

(4)実験②，③について，加えたうすい水酸化ナトリウム水溶液の体積と，ビーカーの水溶液中におけるイオンの総数の関係を表したグラフとして，適切なものはどれか。次の**ア〜エ**の中から1つ選び，その記号を書きなさい。 [　　　]

ア
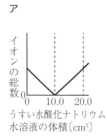
うすい水酸化ナトリウム
水溶液の体積〔cm³〕

イ
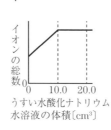
うすい水酸化ナトリウム
水溶液の体積〔cm³〕

ウ
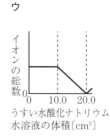
うすい水酸化ナトリウム
水溶液の体積〔cm³〕

エ
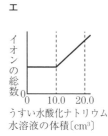
うすい水酸化ナトリウム
水溶液の体積〔cm³〕

3 酸とアルカリの性質を調べるために，次の実験を行った。表は，この実験の結果をまとめたものである。これについて，あとの各問いに答えなさい。↩**1,2** 〔高知県〕

【実験】

操作1　6個のビーカーA，B，C，D，E，Fを用意し，それぞれに同じ濃度のうすい硫酸を20.0 cm³ずつ入れた。

操作2　次の図のように，同じ濃度の水酸化バリウム水溶液を，ビーカーBには10.0 cm³，ビーカーCには20.0 cm³，ビーカーDには30.0 cm³，ビーカーEには40.0 cm³，ビーカーFに50.0 cm³加えると，B〜Fのすべてのビーカーで白い沈殿が生じた。

操作3　6個のビーカーA〜Fの溶液をそれぞれろ過して、ろ紙に残った白い沈殿を十分に乾燥させ、その質量を測定した。

A

硫酸20.0 cm³

B

水酸化バリウム水溶液 10.0 cm³

硫酸20.0 cm³

C

水酸化バリウム水溶液 20.0 cm³

硫酸20.0 cm³

操作4　6個のビーカーA〜Fのろ過したあとの液体に、それぞれBTB溶液を数滴ずつ入れ、色の変化を観察した。

D

水酸化バリウム水溶液 30.0 cm³

硫酸20.0 cm³

E

水酸化バリウム水溶液 40.0 cm³

硫酸20.0 cm³

F

水酸化バリウム水溶液 50.0 cm³

硫酸20.0 cm³

	ビーカーA	ビーカーB	ビーカーC	ビーカーD	ビーカーE	ビーカーF
硫酸の体積〔cm³〕	20.0	20.0	20.0	20.0	20.0	20.0
水酸化バリウム水溶液の体積〔cm³〕	0	10.0	20.0	30.0	40.0	50.0
白い沈殿の質量〔g〕	0	0.2	0.4	0.6	X	Y
BTB溶液を加えたときの色	黄	黄	黄	緑	青	青

(1) ビーカーBのろ過したあとの液体にマグネシウムリボンを入れると、気体が発生した。この気体の名称は何か。　　　　　　　　　　　　[　　　　　　　　　]

正答率 12.1%

(2) ビーカーDのろ過したあとの液体に、BTB溶液を入れると緑色になったのは、中和が起こったためである。中和とはどのような反応か、酸性とアルカリ性を示す原因になるイオンの名称をそれぞれあげて、簡潔に書きなさい。

[　　　　　　　　　　　　　　　　　　　　　　　　　　　　　　　　　　　　]

正答率 15.5%

(3) ビーカーDのろ過したあとの液体のpHを測定すると7であった。実験の結果の表をもとにして、水酸化バリウム水溶液を0 cm³から50.0 cm³まで加えたときの、水酸化バリウム水溶液の体積と、生じた白い沈殿の質量との関係を表すグラフを、実線でかきなさい。ただし、表中のXとYの値は、操作4の結果から考察すること。

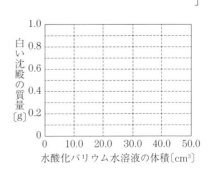

10 状態変化

1 状態変化

1 状態変化…物質が温度によって**固体⇔液体⇔気体**とすがたを変えること。

2 状態変化と粒子のようす…物質の状態により粒子の運動のようすがちがっている。

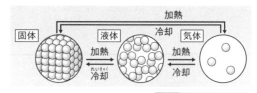

3 状態変化と体積・質量

❶体積…状態変化で体積は変化する。一般に，固体<液体<気体。

❷質量…状態変化で質量は**変化しない**。

CHECK! 水は例外

水の状態変化は例外で，体積は，液体<固体<気体となる。

2 沸点と融点

1 沸点…液体が沸騰して気体になるときの温度。

▶**沸騰**…液体の内部からも気体に変化すること。

2 融点…固体がとけて液体になるときの温度。

3 純粋な物質の沸点，融点

❶沸点・融点は物質の種類により決まっている。

➡物質を見分ける手がかりとなる。

❷純粋な物質の温度変化のグラフ➡融点や沸点付近では**グラフは平ら**になる。

▶**混合物の温度変化のグラフ**➡はっきりした平らな部分が見られない。

水の状態変化と温度

沸点 100

温度〔℃〕

融点 0

水になり始める。 氷（固体） 沸騰が始まる。 水（液体） すべて水になる。 すべて水蒸気（気体）になる。

加熱時間〔分〕

沸点・融点と物質の状態

沸点より高温のとき…気体
沸点と融点の間のとき…液体
融点より低温のとき…固体

3 蒸留

1 混合物と純粋な物質

❶混合物…複数の物質が混ざってできているもの。

❷純粋な物質…純物質ともいう。1種類の物質でできているもの。

2 蒸留…液体を加熱して気体にし，それを冷やしてまた液体にする操作。

▶**沸点のちがいを利用**して，混合物を分離する。

3 エタノールと水の混合物の加熱で出てくる物質
　　赤ワイン，みりん
低温…おもに沸点の**低い**物質→**エタノール**

高温…おもに沸点の高い物質→**水**

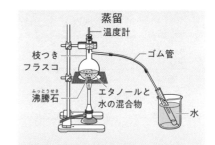

蒸留

温度計
枝つきフラスコ
ゴム管
沸騰石
エタノールと水の混合物
水

エタノールと水の混合物の温度変化

120 100 80 60 40 20

温度〔℃〕

水が多く出る。

エタノールが多く出る。

加熱した時間〔分〕

入試データ 状態変化と粒子のモデル図の関係は問われる。モデル図をかけるようにしよう。

実戦トレーニング

➡ 解答・解説は別冊15ページ

1 次の表は，水銀，塩化ナトリウム，水，エタノールの4種類の物質の融点と沸点を示したものである。これについて，あとの各問いに答えなさい。↩**1,2**　　高知県

	水銀	塩化ナトリウム	水	エタノール
融点〔℃〕	−39	801	0	−115
沸点〔℃〕	357	1413	100	78

正答率 **75.2%**　(1) 液体が冷やされて固体になったり，液体があたためられて気体になったりするように，物質が温度によってすがたを変えることを何というか。　[　　　　　]

正答率 **71.6%**　(2) 温度が20℃のとき液体でないものを，次の**ア〜エ**の中から1つ選び，その記号を書きなさい。　　　　　　　　　　　　　　　[　　　　　]

　　ア 水銀　　**イ** 塩化ナトリウム　　**ウ** 水　　**エ** エタノール

正答率 **60.5%**　(3) ポリエチレンの袋に少量の液体のエタノールを入れ，袋の中の空気をぬいたあと，密閉した。これに熱湯をかけると，袋は大きくふくらみ，袋の中の液体のエタノールは見えなくなった。このことについて述べた文として正しいものを，次の**ア〜エ**の中から1つ選び，その記号を書きなさい。　　　　　　　[　　　　　]

　　ア エタノールの粒子の大きさが熱によって大きくなり，質量が増加した。

　　イ エタノールの粒子の数が熱によって増加し，粒子と粒子の間が小さくなった。

　　ウ エタノールの粒子の運動が熱によって激しくなり，粒子と粒子の間が広がった。

　　エ エタノールの粒子が熱によって二酸化炭素と水蒸気に変化した。

2 右の図は，25℃の水を加熱したときの，加熱時間と水の温度との関係を表したグラフであり，P，Qはグラフ上の点である。これについて，次の各問いに答えなさい。↩**2**　　大阪府

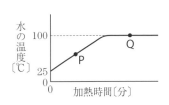

(1) Pにおける水の状態は何か。次の**ア〜ウ**の中で適切なものを1つ選び，その記号を書きなさい。　　　　　　　　　　　　　　[　　　　　]

　　ア 固体　　**イ** 液体　　**ウ** 気体

(2) 次の文中の①，②の｛　　｝から，適切なものを1つずつ選び，その記号を書きなさい。

　　　　　　　　　　　　　　　　　①[　　　　　]　　②[　　　　　]

　　　水が純粋な物質であることは，①｛**ア** Pの前後で温度が変化している　　**イ** Qの前後で温度が変化していない｝ことからわかる。また，水のような，2種類以上の元素からなる物質は②｛**ウ** 単体　　**エ** 化合物｝とよばれている。

3 ポリエチレンの袋にエタノールを入れ，空気をぬいて袋の口を
閉じた。この袋に右の図のように，熱湯をかけたところ，袋は
大きくふくらんだ。熱湯をかけるとポリエチレンの袋がふくら
んだのは，エタノールの状態が変化したからである。次の**A**～
Cの粒子のモデルはエタノールの固体，液体，気体のいずれか
の状態を模式的に示したものである。熱湯をかける前の粒子の

熱湯

エタノールを入れた
ポリエチレンの袋

モデルと熱湯をかけたあとの粒子のモデルはそれぞれどれか，次の**ア**～**カ**の中から適
切なものを1つ選び，その記号を書きなさい。⤴**1**　　　　　　　　　三重県

[　　　　　]

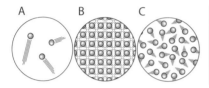

	ア	**イ**	**ウ**	**エ**	**オ**	**カ**
熱湯をかける前の粒子のモデル	A	A	B	B	C	C
熱湯をかけたあとの粒子のモデル	B	C	A	C	A	B

4 物質の性質に関する次の各問いに答えなさい。⤴**2**　　　　　　　愛媛県

【実験】固体の物質**X** 2 gを試験管に入れてお
だやかに加熱し，物質**X**の温度を1分ごとに
測定した。右の図は，その結果を表したグラフ
である。ただし，温度が一定であった時間の長
さを**t**，そのときの温度を**T**と表す。

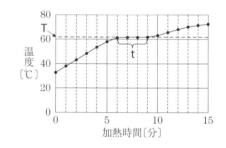

(1)すべての物質**X**が，ちょうどとけ終わったのは，加熱時間がおよそ何分のときか。
　次の**ア**～**エ**の中から適切なものを1つ選び，その記号を書きなさい。　[　　　　]
　ア　3分　　**イ**　6分　　**ウ**　9分　　**エ**　12分

(2)実験の物質**X**の質量を2倍にして，実験と同じ火力で加熱したとき，時間の長さ
　tと温度**T**はそれぞれ，実験と比べてどうなるか。次の**ア**～**エ**の中から適切なもの
　を1つ選び，その記号を書きなさい。　　　　　　　　　　　　　[　　　　]
　ア　時間の長さ**t**は長くなり，温度**T**は高くなる。
　イ　時間の長さ**t**は長くなり，温度**T**は変わらない。
　ウ　時間の長さ**t**は変わらず，温度**T**は高くなる。
　エ　時間の長さ**t**も，温度**T**も変わらない。

5 水とエタノールの混合物の分離について調べるために，次の実験①，②，③を順に行った。これについて，あとの各問いに答えなさい。➡**3**

栃木県

【実験】① **図1**のような装置を組み立て，枝つきフラスコに水30 cm³とエタノール10 cm³の混合物と，数粒の沸騰石を入れ，ガスバーナーを用いて弱火で加熱した。

② 枝つきフラスコ内の温度を1分ごとに測定しながら，出てくる気体を冷やし，液体にして試験管に集めた。その際，加熱を開始してから3分ごとに試験管を交換し，順に試験管A，B，C，D，Eとした。**図2**は，このときの温度変化のようすを示したものである。

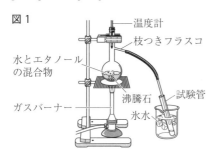

図1

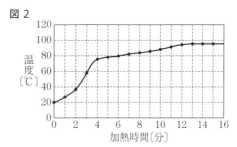

図2

③ 実験②で各試験管に集めた液体をそれぞれ別の蒸発皿に移し，青色の塩化コバルト紙をつけると，いずれも赤色に変化した。さらに，蒸発皿に移した液体にマッチの火を近づけて，そのときのようすを観察した。右の表は，その結果をまとめたものである。

	液体に火を近づけたときのようす
試験管 A	火がついた。
試験管 B	火がついて，しばらく燃えた。
試験管 C	火がついたが，すぐに消えた。
試験管 D	火がつかなかった。
試験管 E	火がつかなかった。

正答率 **60.5**%
(1)実験①において，沸騰石を入れる理由を簡潔に書きなさい。
[   ]

正答率 **60.5**%
(2)実験②において，沸騰が始まったのは，加熱を開始してから何分後か。次の**ア**〜**エ**の中から適切なものを1つ選び，その記号を書きなさい。　　　[　　　]
ア 2分後　　**イ** 4分後　　**ウ** 8分後　　**エ** 12分後

正答率 **69.1**%
B
正答率 **23.3**%
D
(3)実験②，③において，試験管B，Dに集めた液体の成分について，正しいことを述べている文はどれか。次の**ア**〜**エ**の中から1つずつ選び，その記号を書きなさい。

B[　　　]　　　D[　　　]

ア 純粋なエタノールである。
イ 純粋な水である。
ウ 大部分がエタノールで，少量の水がふくまれている。
エ 大部分が水で，少量のエタノールがふくまれている。

\ 記述式問題で出た /
化学式・イオン・化学反応式ランキング

⟨ 化学式ランキング ⟩

1位	[CO_2]	6位	[Mg]
2位	[H_2O]	7位	[MgO]
3位	[Cu]	8位	[$NaHCO_3$]
4位	[O_2]	9位	[CuO]
5位	[$NaCl$]	10位	[Zn]

〔その他出題が多い化学式〕

[NH_3] [HCl] [H_2] [Ag]
[C] [$BaSO_4$] [FeS] [Fe]

⟨ イオンの化学式ランキング ⟩

1位	[OH^-]
2位	[Cl^-]
3位	[Na^+]
4位	[H^+]
5位	[Zn^{2+}]

〔その他出題が多いイオン〕

[K^+] [Cu^{2+}]
[Mg^{2+}] [Ba^{2+}]

⟨ 化学反応式ランキング ⟩

1位	[$Zn \rightarrow Zn^{2+} + 2e^-$]	ダニエル電池の−極で起こる化学変化
2位	[$2Mg + O_2 \rightarrow 2MgO$]	マグネシウムの酸化
3位	[$2CuO + C \rightarrow 2Cu + CO_2$]	酸化銅の炭素による還元
4位	[$Cu^{2+} + 2e^- \rightarrow Cu$]	ダニエル電池の＋極で起こる化学変化
5位	[$2Ag_2O \rightarrow 4Ag + O_2$]	酸化銀の熱分解

生物分野

1 (植物のつくりとはたらき)

- ☐ ① 図1のA，Bは何？　　A[　　　　　　]　B[　　　　　] 図1
- ☐ ② 根から吸収した水などが通る管を〔**師管**，**道管**〕という。
- ☐ ③ 道管と師管が集まって束のようになった部分を何という？

　　　　　　　　　　　　　　　　　　　[　　　　　　　]

- ☐ ④ 光合成は葉の細胞のどの部分で行われる？　[　　　　　　]
- ☐ ⑤ 植物のはたらきのうち，1日中行われるのは〔**光合成**，**呼吸**〕。
- ☐ ⑥ 胚珠が子房の中にある植物を何という？　[　　　　　　　]

2 (生物のふえ方と遺伝)

- ☐ ① 体細胞分裂が始まる前に染色体の数が2倍になることを何という？　[　　　　　]
- ☐ ② 植物が行う，からだの一部から新しい個体をつくる無性生殖を何という？

　　　　　　　　　　　　　　　　　　　[　　　　　　　]

- ☐ ③ 生殖細胞がつくられるときに行われる，染色体の数がもとの細胞の半分になる細胞分裂を
　　何という？　　　　　　　　　　　　[　　　　　　　]

3 (消化・血液循環のしくみ)

- ☐ ① 消化液にふくまれ，栄養分を分解するはたらきのある物質は何？　[　　　　]
- ☐ ② 脂肪は，最終的に脂肪酸と何に分解される？　[　　　　　] 図2
- ☐ ③ 図2は，小腸にある多数の突起を表している。この突起を何という？

　　　　　　　　　　　　　　　　　　　[　　　　　　　]

- ☐ ④ アミノ酸は，図2の〔**A**，**B**〕から吸収される。
- ☐ ⑤ 気管支の先にある小さな袋を何という？　[　　　　　]
- ☐ ⑥ 血液の固形成分の中で，酸素を運ぶはたらきがあるのは何？　[　　　　]
- ☐ ⑦ 有害なアンモニアを害の少ない尿素に変える器官は何？　[　　　　　]

4 (動物の分類・進化)

- ☐ ① 背骨のある動物を何という？　　　　[　　　　　] 図3
- ☐ ② 子を体内である程度育ててからうむふやし方を何という？

　　　　　　　　　　　　　　　　[　　　　　]

- ☐ ③ 昆虫類のように，からだやあしに節がある動物を何という？

　　　　　　　　　　　　　　　　[　　　　　]

- ☐ ④ クジラのひれとヒトのうでのように，現在では形やはたらきが異なっていても，もとは同
　　じ器官だったと考えられる器官を何という？　　[　　　　　]
- ☐ ⑤ 図3のシソチョウは鳥類と何類の中間の生物？　[　　　　　]

5 植物の分類

☐ ① 子葉が1枚の被子植物のなかまを何類という？ [　　　　　]

☐ ② 主根と側根からなる根をもつ被子植物のなかまは何類？ [　　　　　]

☐ ③ 双子葉類のうち，花弁がくっついている花が咲くものを何類という？ [　　　　　]

☐ ④ シダ植物やコケ植物は，何をつくってなかまをふやす？ [　　　　　]

☐ ⑤ 葉・茎・根の区別があるのは，〔**シダ植物，コケ植物**〕である。

6 感覚と運動のしくみ

☐ ① 光の刺激を受けとる細胞があるのは，目のどの部分？ [　　　　　]

☐ ② 音（空気の振動）が伝わると最初にふるえるのは，耳のどの部分？ [　　　　　]

☐ ③ 脳と脊髄を合わせて何神経という？ [　　　　　]

☐ ④ 熱いものにふれて思わず手を引っこめる反応を何という？ [　　　　　]

☐ ⑤ 骨についている筋肉の両端は何になっている？ [　　　　　]

7 生物と細胞

☐ ① 図4は植物の細胞のつくりを表している。A，Bはそれぞれ　図4
何？　　　　　A[　　　　　]　　B[　　　　　]

☐ ② 酢酸オルセイン溶液や酢酸カーミン溶液などの染色液によって赤紫色や赤色に染まるのは，細胞のどの部分？ [　　　　　]

☐ ③ 細胞質のいちばん外側を何という？ [　　　　　]

☐ ④ 多細胞生物で，形やはたらきが同じ細胞が集まってつくるのは？ [　　　　　]

8 生物の観察・観察器具の使い方

☐ ① 花のつくりをスケッチするときは，影を〔**つけて，つけず**〕，〔**太い，細い**〕線ではっきりかく。

☐ ② ルーペは目に近づけて持ち，観察するものが動かせるときは，〔**頭，観察するもの**〕を前後に動かして観察する。

☐ ③ 接眼レンズが10倍，対物レンズが20倍のときの顕微鏡の倍率は？ [　　　　　]

☐ ④ 高倍率にすると，顕微鏡の視野は〔**明るく，暗く**〕なる。

弱点チェックシート

正解した問題の数だけ塗りつぶそう。
正解の少ない項目があなたの弱点部分だ。

弱点項目から取り組む人は，このページへGO!

1	植物のつくりとはたらき	1	2	3	4	5	6	→ 88 ページ
2	生物のふえ方と遺伝	1		2		3		→ 92 ページ
3	消化・血液循環のしくみ	1	2	3	4	5	6 7	→ 95 ページ
4	動物の分類・進化	1	2	3	4	5		→ 99 ページ
5	植物の分類	1	2	3	4	5		→ 103 ページ
6	感覚と運動のしくみ	1	2	3	4	5		→ 106 ページ
7	生物と細胞	1	2	3	4			→ 109 ページ
8	生物の観察・観察器具の使い方	1	2	3	4			→ 112 ページ

出題率 **71%**

1 植物のつくりとはたらき

1 花のつくり

1 種子植物…胚珠が子房の中にある**被子植物**と，胚珠がむき出しの**裸子植物**がある。
└→花を咲かせ，種子でふえる植物。

2 被子植物の花のつくり

❶めしべのもとのふくらんだ部分を**子房**といい，中に**胚珠**がある。

❷**おしべ**…おしべの先に，花粉の入ったやくがある。

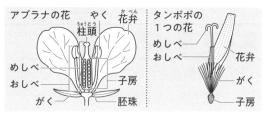

アブラナの花　やく　花弁　柱頭　めしべ　おしべ　がく　子房　胚珠

タンポポの1つの花　めしべ　おしべ　花弁　がく　子房

3 果実と種子のでき方…**受粉**後，子房は**果実**に，胚珠は**種子**になる。
└→花粉がめしべの柱頭につくこと。

4 離弁花と合弁花

❶**離弁花**…花弁が1枚1枚**離れている**もの。例アブラナ，バラなど。

❷**合弁花**…花弁のもとが**くっついている**もの。例タンポポ，ツツジなど。

5 裸子植物の花のつくり…雄花と雌花がある。子房がなく，胚珠がむき出しになっている。

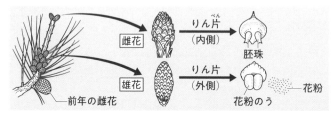

雌花　りん片（内側）　胚珠　雄花　りん片（外側）　花粉のう　花粉　前年の雌花

CHECK! 離弁花類と合弁花類

芽ばえのときの子葉が2枚の双子葉類は，花弁が離れているかくっついているかで，離弁花類と合弁花類に分けられる。

2 葉・茎・根のつくり

1 道管と師管…根から茎，さらに葉へとつながっている。

❶**道管**…根から吸収した**水**や**養分**（肥料分）が通る管。

❷**師管**…葉でつくられた**栄養分**が通る管。

❸**維管束**…道管や師管が集まって束のようになった部分。

2 根のつくり…先端近くに無数の**根毛**がある。

CHECK! 葉と茎の道管の位置

道管は，葉の断面では葉の表側に近い方を通っている。茎の横断面では，茎の中心に近い方を通っている。

3 光合成・呼吸・蒸散のはたらき

1 光合成…植物が光を受けてデンプンなどをつくるはたらき。**葉緑体**で行われる。

2 光合成のしくみ

二酸化炭素　＋　水　$\xrightarrow[葉緑体]{光}$　デンプンなど　＋　酸素

3 呼吸での気体の出入り…酸素をとり入れ，二酸化炭素を出す。

▶植物は**1日中**，**呼吸**を行っている。

4 蒸散…植物のからだから，水が**水蒸気**となって放出されるはたらき。

入試データ 花のつくり，光合成や蒸散の実験結果から考察させる問いなどが出題される。

実戦トレーニング

→ 解答・解説は別冊17ページ

1 下の図の **A〜D** は，アブラナの花弁，がく，おしべ，めしべのいずれかを模式的に示したものである。花の最も外側にある部分を，**A〜D** の中から1つ選び，その記号を書きなさい。また，選んだ部分の名称（めいしょう）を書きなさい。↩**1** 　北海道

正答率 **63.7**%

記号[　　　]　　名称[　　　　　]

A　　　　　B　　　　　C　　　　　　　　　D

2 右の図は，被子植物の花の構造を模式的に示したものである。将来種子になるのは，花のどの部分が成長したものか。また，その部分は右の図の **X，Y** のどちらか。次の**ア〜エ**の中から適切なものを1つ選び，その記号を書きなさい。↩**1** 　岩手県

[　　　]

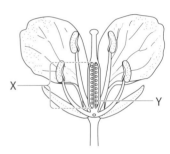

X　　Y

ア 被子植物の種子は，胚珠が成長したもので，胚珠は図の **X** で示される。
イ 被子植物の種子は，胚珠が成長したもので，胚珠は図の **Y** で示される。
ウ 被子植物の種子は，子房が成長したもので，子房は図の **X** で示される。
エ 被子植物の種子は，子房が成長したもので，子房は図の **Y** で示される。

3 マツについて，次の各問いに答えなさい。↩**1** 　和歌山県

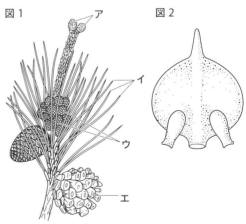

図1　ア　イ　ウ　エ　図2

(1) **図1**は，マツの枝先を模式的に表したものである。雄花はどれか。**図1**の**ア〜エ**の中から1つ選び，その記号を書きなさい。　[　　　]

(2) **図2**は，マツの雌花のりん片を模式的に表したものである。受粉後，種子となる部分をすべて黒くぬりなさい。

次の実験について，あとの各問いに答えなさい。⤵3 三重県

【実験】青色のBTB溶液に二酸化炭素をふきこん
で緑色にしたあと，これを4本の試験管A，B，C，
Dに入れた。右の図のように，試験管AとCにオ
オカナダモを入れ，試験管BとDにはオオカナダモ
を入れなかった。また，試験管CとDにはアルミニ
ウムはくを巻き，光が当たらないようにした。4本
の試験管A，B，C，Dにしばらく光を当てたあと，
BTB溶液の色の変化を調べた。表は，4本の試験
管A，B，C，Dにおける，BTB溶液の色の変化を
まとめたものである。ただし，BTB溶液の温度は
変化しないものとする。

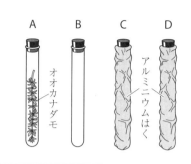

試験管	BTB溶液の色の変化
A	青色になった。
B	変化しなかった。
C	黄色になった。
D	変化しなかった。

(1)試験管Bを用意して実験を行ったのはなぜか，その理由を「試験管Aで見られた
BTB溶液の色の変化は」に続けて，簡潔に書きなさい。
[   ]

(2)次の文は，表にまとめたBTB溶液の色の変化について考察したものである。文中
の ① ～ ④ に入る言葉は何か。次のア～オの中から適切なものを1つずつ
選び，その記号を書きなさい。

①[   ]　②[   ]　③[   ]　④[   ]

　試験管Aでは，BTB溶液にとけている二酸化炭素が ① なり， ② 性に変
化したと考えられる。また，試験管Cでは，BTB溶液にとけている二酸化炭素が
③ なり， ④ 性に変化したと考えられる。

ア 多く　**イ** 少なく　**ウ** 酸　**エ** 中　**オ** アルカリ

(3)表にまとめたBTB溶液の色の変化には，オオカナダモの光合成と呼吸が関係して
いる。試験管Aで出入りする気体の量について正しく述べたものはどれか，次の
ア～ウの中から適切なものを1つ選び，その記号を書きなさい。　　[   ]

ア　光合成によって出入りする気体の量は，呼吸によって出入りする気体の量よ
り多い。

イ　光合成によって出入りする気体の量は，呼吸によって出入りする気体の量よ
り少ない。

ウ　光合成によって出入りする気体の量と，呼吸によって出入りする気体の量は
等しい。

5 植物の蒸散について調べるために，次の実験①，②，③，④を順に行った。これについて，あとの各問いに答えなさい。ただし，実験中の温度と湿度は一定に保たれているものとする。⟳**2, 3**

〔栃木県〕

【実験】① 葉の数と大きさ，茎の長さと太さをそろえたアジサイの枝を3本用意し，水を入れた3本のメスシリンダーにそれぞれさした。その後，それぞれのメスシリンダーの水面を油でおおい，右の図のような装置をつくった。

② 実験①の装置で，葉に何も処理しないものを装置 **A**，すべての葉の表側にワセリンをぬったものを装置 **B**，すべての葉の裏側にワセリンをぬったものを装置 **C** とした。

③ 装置 **A**，**B**，**C** を明るいところに3時間置いたあと，水の減少量を調べた。表は，その結果をまとめたものである。

	装置 A	装置 B	装置 C
水の減少量〔cm³〕	12.4	9.7	4.2

④ 装置 **A** と同じ条件の装置 **D** を新たにつくり，装置 **D** を暗室に3時間置き，その後，明るいところに3時間置いた。その間，1時間ごとの水の減少量を記録した。

正答率 **80.4**%
(1) アジサイの切り口から吸収された水が，葉まで運ばれるときの通り道を何というか。
[　　　　　　　　]

正答率 **66.3**%
(2) 実験①で，下線部の操作を行う目的を簡潔に書きなさい。
[　　　　　　　　　　　　　　　　　　　　　　　　　　　　　]

(3) 実験③の結果から，「葉の表側からの蒸散量」および「葉以外からの蒸散量」として適切なものを，次の**ア**〜**オ**の中から1つずつ選び，その記号を書きなさい。

葉の表側からの蒸散量[　　　]　　葉以外からの蒸散量[　　　]

ア 0.6 cm³　　**イ** 1.5 cm³　　**ウ** 2.7 cm³　　**エ** 5.5 cm³　　**オ** 8.2 cm³

HIGH LEVEL (4) 実験④において，1時間ごとの水の減少量を表したものとして適切なものはどれか。次の**ア**〜**エ**の中から1つ選び，その記号を書きなさい。また，そのように判断できる理由を，「気孔」という言葉を用いて簡潔に書きなさい。

記号[　　　]

理由[　　　　　　　　　　　　　　　　　　　　　　　　　　　　　]

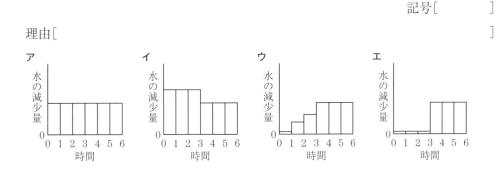

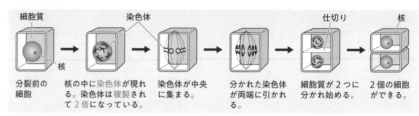

2 生物のふえ方と遺伝

1 生物の成長

1 細胞分裂
（植物の細胞）

細胞質　　染色体　　　　　　　　　　　　仕切り　　核

分裂前の　　核の中に染色体が現れ　　染色体が中央　　分かれた染色体　　細胞質が2つに　　2個の細胞
細胞　　　　る。染色体は複製され　　に集まる。　　　が両端に引かれ　　分かれ始める。　　ができる。
核　　　　て2倍になっている。　　　　　　　　　　る。

2 生物の成長…生物は，細胞分裂で細胞の数がふえ，それぞれの細胞が大きくなることで成長する。

2 有性生殖と無性生殖

1 有性生殖…雄と雌がかかわる生殖。

❶被子植物の有性生殖…受粉後，花粉からのびた花粉管の中を通って精細胞が胚珠の卵細胞に達すると，精細胞の核と卵細胞の核が合体（受精）する。

❷動物の有性生殖…雌の卵巣でつくられた卵の核と，雄の精巣でつくられた精子の核が合体（受精）する。

2 無性生殖…受精を行わず，親のからだの一部が子になる生殖。アメーバの分裂，ヤマノイモのむかごなど。

▶栄養生殖…植物に見られ，からだの一部から新しい個体をつくる無性生殖。

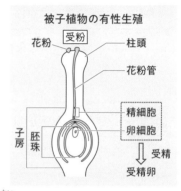

被子植物の有性生殖

花粉　　受粉　　　　柱頭
　　　　　　　　　　花粉管
　　　　　　　　　　精細胞
　　　　　　　　　　卵細胞
子房　胚珠　　　　　⇩受精
　　　　　　　　　　受精卵

3 遺伝

1 遺伝と生殖

❶遺伝…親の形質が，染色体にふくまれる遺伝子によって子に伝えられること。

❷有性生殖と遺伝…両親から遺伝子を受けつぎ，いろいろな形質をもつ子ができる。

❸無性生殖と遺伝…親の遺伝子をそのまま受けつぎ，親とまったく同じ形質の子ができる。

2 遺伝のきまり

❶減数分裂…生殖細胞をつくるときに行われる特別な細胞分裂。染色体の数が，体細胞の半分になる。

❷分離の法則…減数分裂のときに，対になっている遺伝子が分かれて，別々の細胞に入ること。

❸顕性形質と潜性形質…対立形質をもつ純系どうし
↳同時に現れない2つの形質
をかけ合わせたとき，子に現れる形質を顕性形質，子に現れない形質を潜性形質という。

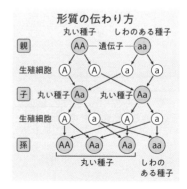

形質の伝わり方

丸い種子　　しわのある種子

親　　AA ―遺伝子― aa

生殖細胞　A　A　　a　a

子　丸い種子 Aa　丸い種子 Aa

生殖細胞　A　a　　A　a

孫　AA　Aa　Aa　aa

丸い種子　　しわのある種子

入試データ　細胞分裂，植物の有性生殖，遺伝では分離の法則などに注意しておこう。

実戦トレーニング

→ 解答・解説は別冊18ページ

1 次の文の ① , ② にあてはまる言葉を，それぞれ書きなさい。↪**2**　北海道

①[　　　　　]　②[　　　　　]

被子植物の受精では， ① の中にある卵細胞の核と花粉管の中を移動してきた精細胞の核が合体して受精卵がつくられる。受精卵は細胞分裂をくり返して種子の中の ② になり， ① 全体は種子になる。

2 次の観察について，あとの各問いに答えなさい。↪**1**　三重県

【観察】細胞分裂のようすについて調べるために，観察物として，種子から発芽したタマネギの根を用いて，次の①，②の順序で観察を行った。

① 次の方法でプレパラートをつくった。

　1. タマネギの根を先端部分から5mm切りとり，スライドガラスにのせ，えつき針でくずす。
　2. 観察物に溶液Xを1滴落として3分間待ち，ろ紙で溶液Xを十分に吸いとる。
　3. 観察物に酢酸オルセイン溶液を1滴落として，5分間待つ。
　4. 観察物にカバーガラスをかけてろ紙をのせ，根を押しつぶす。

② ①でつくったプレパラートを顕微鏡で観察した。右の図は，観察した細胞の一部をスケッチしたものである。

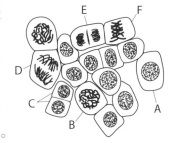

(1) ①について，次の各問いに答えなさい。

　(a) 溶液Xは，細胞を1つ1つ離れやすくするために用いる溶液である。この溶液Xは何か，次のア～エの中から適切なものを1つ選び，その記号を書きなさい。

　　ア　ヨウ素液　　　イ　ベネジクト溶液　　　　　　　[　　　　]
　　ウ　うすい塩酸　　エ　アンモニア水

　(b) 下線部の操作を行う目的は何か，次のア～エの中から適切なものを1つ選び，その記号を書きなさい。　　　　　　　　　　　　　　[　　　　]

　　ア　細胞の分裂を早めるため。　　　イ　細胞の核や染色体を染めるため。
　　ウ　細胞をやわらかくするため。　　エ　細胞に栄養をあたえるため。

(2) ②について，図のA～Fは，細胞分裂の過程で見られる異なった段階の細胞を示している。図のA～Fを細胞分裂の進む順に並べるとどうなるか，Aを最初として，B～Fの記号を左から並べて書きなさい。[　　　　　　　　　　　]

93

3 マツバボタンの遺伝について調べるため，次の実験1，2を行った。これについて，あとの各問いに答えなさい。ただし，まいた種子はすべて花をつける株(個体)に育つものとする。⮌**3**

千葉県

【実験1】右の図のように，マツバボタンの赤い花をつける純系の株の花粉を，マツバボタンの白い花をつける純系の株のめしべにつけて受精した。かけ合わせてできた種子をまいて育てたところ，子はすべて赤い花をつける株に育った。

受精

【実験2】実験1の子の株どうしをかけ合わせてできた種子をまいて育てたところ，孫には赤い花をつける株と白い花をつける株が育った。

(1) 実験1，2で用いたマツバボタンの形質の赤い花と白い花のように，どちらか一方しか現れない形質どうしのことを何というか。　　　　　　　[　　　　　　　　]

(2) 次の文章は実験1，2について述べたものである。あとの各問いに答えなさい。

　　マツバボタンの赤い花の遺伝子をA，白い花の遺伝子をaとする。からだの細胞(体細胞)の遺伝子は対になっているので，赤い花をつける純系の親の株をつくるからだの細胞の遺伝子は ┃ v ┃，白い花をつける純系の親の株をつくるからだの細胞の遺伝子は ┃ w ┃ と表すことができる。どちらの親の株も生殖細胞をつくるとき，それぞれの遺伝子は ₘ減数分裂によって分かれて別の生殖細胞に入り，それらが受精によって再び対になるので，子の株をつくるからだの細胞の遺伝子は ┃ x ┃ となる。さらに，子の株が生殖細胞をつくるとき，その生殖細胞の遺伝子は ┃ y ┃ と ┃ z ┃ の2種類であり，ₙ孫の株のからだの細胞の遺伝子はAA，Aa，aaの3種類となる。

① 文章中の ┃ v ┃ ～ ┃ z ┃ にあてはまるものとして適切なものを，次のア～オの中から1つずつ選び，その記号を書きなさい。

v[　　　] w[　　　] x[　　　] y[　　　] z[　　　]

ア A　**イ** a　**ウ** AA　**エ** Aa　**オ** aa

② 下線部mについて，減数分裂によってつくられた生殖細胞は，もとの細胞と比べてどのようなちがいがあるか。「染色体の数」という言葉を用いて，簡潔に書きなさい。[　　　　　　　　　　　　　　　　　　　　　　　　　　]

正答率 **84.0%**

③ 下線部nにある，AA，Aa，aaについての説明として適切なものを，次のア～エの中から1つ選び，その記号を書きなさい。　　　　　　　[　　　]

ア AA：Aa：aa は1：1：1の比(割合)で現れる。

イ AA：Aa：aa は2：1：1の比(割合)で現れる。

ウ AA：Aa：aa は1：2：1の比(割合)で現れる。

エ AA：Aa：aa は1：1：2の比(割合)で現れる。

3 消化・血液循環のしくみ

1 消化と吸収

1 消化のしくみ

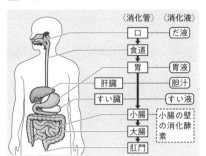

2 だ液のはたらきを調べる実験

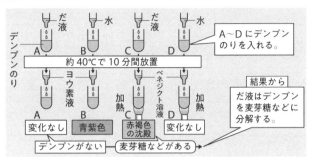

A~Dにデンプンのりを入れる。

約40℃で10分間放置

A	B	C	D
変化なし	青紫色	赤褐色の沈殿	変化なし

デンプンがない　麦芽糖などがある→

結果から
だ液はデンプンを麦芽糖などに分解する。

3 吸収…消化された栄養分は小腸の柔毛から吸収される。

❶デンプンはブドウ糖，タンパク質はアミノ酸に分解され，柔毛の毛細血管に入る。

❷脂肪は脂肪酸とモノグリセリドに分解され，柔毛で吸収されたあと，再び脂肪となってリンパ管に入る。

2 呼吸

1 呼吸のしくみ…肺で，血液中に酸素をとり入れ，二酸化炭素を体外に出す。

2 肺のつくり…肺胞という小さな袋が多数あり，効率よく気体の交換ができる。

3 細胞呼吸…細胞内で，酸素を使って栄養分を分解し，エネルギーを得るはたらき。このとき水と二酸化炭素ができる。
↳細胞による呼吸，細胞の呼吸

3 血液の循環

1 血液循環の道すじ

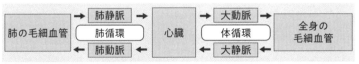

肺の毛細血管	→ 肺静脈 →	心臓	→ 大動脈 →	全身の毛細血管
	肺循環		体循環	
	← 肺動脈 ←		← 大静脈 ←	

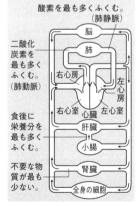

酸素を最も多くふくむ。（肺静脈）

二酸化炭素を最も多くふくむ。（肺動脈）

食後に栄養分を最も多くふくむ。

不要な物質が最も少ない。

2 血液の成分…固形成分と液体成分がある。

❶固形成分…赤血球(酸素を運ぶ)，白血球(細菌などを分解する)，血小板(出血したとき血液を固める)。
↳ヘモグロビンをふくむ。

❷液体成分…血しょう(栄養分や不要な物質などを運ぶ)。

4 排出

1 肝臓…有害なアンモニアを害の少ない尿素に変える。
↳アミノ酸が分解されてできる。

2 腎臓…血液中から不要な物質，余分な水などをこしとり，尿として排出する。

実戦トレーニング

➡ 解答・解説は別冊18ページ

1

右の図はヒトの肺のつくりを模式的に表したものである。図中の X にあてはまる，気管支の先につながる小さな袋の名称を書きなさい。また，この小さな袋が多数あることで，酸素と二酸化炭素の交換の効率がよくなる。その理由を，簡潔に書きなさい。⤴2 　和歌山県

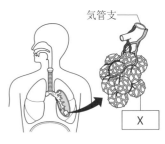

気管支

X

名称[　　　　　　]

理由[　　　　　　　　　　　　　　　　　　　　　　]

2

お急ぎ！

花子さんは，ごはんをよくかんでいると甘くなることに気づき，これはごはんにふくまれるデンプンが，だ液によって麦芽糖などの糖のなかま(以下，糖)に変化するからだと考えた。そこで，「デンプンは，だ液によって糖に変化する」という仮説を立てて，実験を行った。これについて，あとの問いに答えなさい。⤴1 　富山県

【実験】① だ液の採取のために，口の中に脱脂綿を入れ，1分待つ。その脱脂綿をビーカーに入れ，水を少量入れて，うすめただ液をつくった。

② 図1のように，試験管にうすめただ液 2 cm³ と，デンプン溶液 10 cm³ を入れ，振り混ぜたあと，その溶液を2つの試験管 A，B に分けた。

③ 図2のように，2つの試験管を体温に近い約 40℃のお湯に入れ 10分程度あたためた。

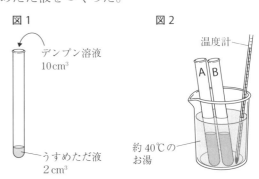

図1

デンプン溶液 10cm³

うすめただ液 2cm³

図2

温度計

A B

約40℃のお湯

④ 試験管 A にヨウ素液を入れたところ，反応がなかった。

⑤ 試験管 B に試薬 X を加え，沸騰石を入れて加熱したところ，赤褐色の沈殿が生じた。

(1) 試薬 X の名称を書きなさい。　　　　　　　　　　[　　　　　　]

(2) 花子さんは，実験の結果を先生に見てもらい，アドバイスを受けた。次の文は，先生から受けたアドバイスの内容である。文中の□□□にあてはまる最も適切なものをあとのア〜エの中から1つ選び，その記号を書きなさい。　　[　　]

　　この実験では□□□ことしか確かめられていないので，仮説が正しいかどうかは，まだわからない。

　ア　デンプンが糖に変化した　　イ　だ液によってデンプンが糖に変化した

　ウ　あたためることによってデンプンが糖に変化した

　エ　時間の経過によってデンプンが糖に変化した

(3)花子さんは先生のアドバイスから，**図1**の試験管に加えて，**図3**の試験管を準備する必要があると気づいた。**図3**の空欄 [(a)]，[(b)] にあてはまるものを，次の**ア**〜**エ**の中から1つずつ選び，その記号を書きなさい。

図3

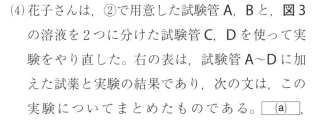

10cm³

(a)

(b)

2cm³

(a)[   ]   (b)[   ]

ア うすめただ液   **イ** デンプン溶液
ウ 水   **エ** 麦芽糖溶液

(4)花子さんは，②で用意した試験管 A，B と，**図3**の溶液を2つに分けた試験管 C，D を使って実験をやり直した。右の表は，試験管 A〜D に加えた試薬と実験の結果であり，次の文は，この実験についてまとめたものである。[(a)]，[(b)] にあてはまる内容をそれぞれ書きなさい。

試験管(加えた試薬)	実験の結果
A(ヨウ素液)	反応なし
B(試薬 X)	反応あり
C(ヨウ素液)	反応あり
D(試薬 X)	反応なし

(a)[   ]   (b)[   ]

試験管 A と C の結果から，だ液によって [(a)] ことがわかる。試験管 B と D の結果から，だ液によって [(b)] ことがわかる。したがって，仮説は正しいといえる。

(5)花子さんは，さらにデンプンの消化と吸収およびその後のゆくえについて調べた。次の文はその内容をまとめたものである。文中の(a)〜(c)の の中から適切なものを1つずつ選び，その記号を書きなさい。

(a)[   ]   (b)[   ]   (c)[   ]

デンプンは，だ液中の(a){**ア** リパーゼ   **イ** アミラーゼ   **ウ** トリプシン} などの消化酵素のはたらきで最終的に(b){**エ** ショ糖   **オ** ブドウ糖   **カ** 麦芽糖} に分解される。その後，小腸の柔毛で吸収されて毛細血管に入り，(c){**キ** 肝臓   **ク** 大腸   **ケ** 腎臓}を通って全身の細胞へ運ばれる。

3 血液は心臓のはたらきによって全身を循環し，物質を運んでいる。これについて，次の各問いに答えなさい。↩**3，4**   兵庫県

正答率 36.8%

(1)ヒトの心臓から血液が送り出されるときの，血液の流れを矢印で表した図として適切なものを，次の**ア**〜**エ**の中から1つ選び，その記号を書きなさい。ただし，図はすべて正面から見たものである。   [   ]

ア

イ

ウ

エ

(2) 血液によって運ばれた酸素がからだの各細胞にとりこまれるしくみとして適切なものを，次のア〜エの中から1つ選び，その記号を書きなさい。　　［　　　　］

　　ア　毛細血管からしみ出した赤血球が，なかだちをする。

　　イ　毛細血管からしみ出したヘモグロビンが，なかだちをする。

　　ウ　毛細血管からしみ出した血しょうが組織液となって，なかだちをする。

　　エ　毛細血管からしみ出した血小板が組織液となって，なかだちをする。

(3) 通過するときに，血液中の尿素の割合がふえる器官として適切なものを，次のア〜エの中から1つ選び，その記号を書きなさい。　　［　　　　］

　　ア　肝臓　　イ　肺　　ウ　小腸　　エ　腎臓

4 右の図は，ヒトの血液の循環経路を模式的に表したものである。図の矢印（ → ）は，血液の流れる向きを表している。空気中の酸素は，肺による呼吸で，肺の毛細血管を流れる血液にとりこまれ，全身の細胞に運ばれる。これについて，あとの問いに答えなさい。⤴2,3　［静岡県］

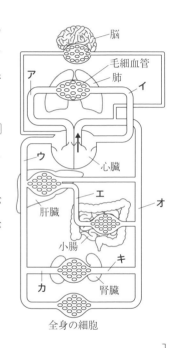

正答率 **75.9**% (1) 血液中の赤血球は，酸素を運ぶはたらきをしている。このはたらきは，赤血球にふくまれるヘモグロビンの性質によるものである。赤血球によって，酸素が肺から全身の細胞に運ばれるのは，ヘモグロビンがどのような性質をもっているからか。その性質を，酸素の多いところにあるときと，酸素の少ないところにあるときのちがいがわかるように，簡潔に書きなさい。

　　［　　　　　　　　　　　　　　　　　　　　　　　　　　　　　　］

正答率 **36.1**% (2) 一般的な成人の場合，体内の全血液量は 5600 cm^3 であり，心臓の拍動数は1分につき75回で，1回の拍動により心臓の右心室と左心室からそれぞれ 64 cm^3 の血液が送り出される。このとき，体内の全血液量にあたる 5600 cm^3 の血液が心臓の左心室から送り出されるのにかかる時間は何秒か。計算して答えなさい。

　　　　　　　　　　　　　　　　　　　　　　　　　　　　　　［　　　　　　　］

(3) 右の図のア〜キの血管の中から，ブドウ糖を最も多くふくむ血液が流れる血管を1つ選び，その記号を書きなさい。　　　　　　　　　　　　　　　　［　　　　　　］

正答率 **22.4**% (4) ヒトが運動をすると，呼吸数や心臓の拍動数がふえ，多くの酸素が血液中にとりこまれ，全身に運ばれる。ヒトが運動をしたとき，多くの酸素が血液中にとりこまれて全身に運ばれる理由を，細胞の呼吸のしくみに関連づけて，簡潔に書きなさい。

　　［　　　　　　　　　　　　　　　　　　　　　　　　　　　　　　］

4 動物の分類・進化

1 脊椎動物と無脊椎動物

❶ 脊椎動物…**背骨のある**動物。魚類，両生類，は虫類，鳥類，哺乳類。

❷ 無脊椎動物…**背骨のない**動物。節足動物，軟体動物などに分けられる。

2 動物の分類

1 動物の分類

脊椎動物 / 無脊椎動物

分類	魚類	両生類	は虫類	鳥類	哺乳類	節足動物			軟体動物	その他
						昆虫類	甲殻類	その他		
生活場所	水中	水中・水辺	おもに陸上	陸上	おもに陸上	外骨格をもち，からだやあしに節がある。			外とう膜で内臓がおおわれている。	
なかまのふやし方	卵生(卵に殻がない)		卵生(卵に殻がある)		胎生					
呼吸	えら	子：えらと皮膚 / 親：肺と皮膚		肺						
体表	うろこ	しめった皮膚	うろこやこうら	羽毛	毛	バッタ，チョウ	カニ，エビ	クモ，ムカデ	タコ，イカ，ハマグリ	ミミズ，ウニ
例	コイ，フナ，キンギョ	カエル，サンショウウオ	トカゲ，ヘビ，カメ	ツバメ，ハト，スズメ	ヒト，ウマ，ネズミ					

2 なかまのふやし方

❶卵生…卵をうんでなかまをふやすふやし方。

▶魚類，両生類，は虫類，鳥類

❷胎生…子を**体内である程度育てて**からうむふやし方。

▶哺乳類

> **CHECK! 変温動物と恒温動物**
>
> ・**変温動物**…周囲の温度が変化すると，体温も変化する動物。
> (魚類，両生類，は虫類)
>
> ・**恒温動物**…周囲の温度が変化しても，体温は**ほぼ一定**に保たれる動物。
> (鳥類，哺乳類)

3 進化

❶ 進化…長い年月の間に，生物が変化していくこと。

▶脊椎動物は**水中生活**をするものから**陸上生活**をするものへ進化した。

▶魚類，両生類，は虫類，哺乳類，鳥類の順に出現した。

▶共通する特徴が多いほど，なかまとして近い関係にある。

❷ 進化の証拠

❶相同器官…現在では形やはたらきが異なっていても，もとは同じ器官であったと考えられる器官。

❷シソチョウ(始祖鳥)…は虫類と鳥類の中間の動物と考えられる。

▶**は虫類の特徴**…口の中に歯がある，翼の先に爪がある。

▶**鳥類の特徴**…羽毛があり，前あしが翼になっている。

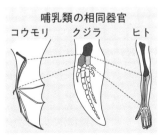
哺乳類の相同器官
コウモリ クジラ ヒト

➡ 解答・解説は別冊19ページ

1 無脊椎動物と脊椎動物は共通の祖先から長い時間をかけて進化をしてきた。下の図は，両生類，魚類など，脊椎動物の5つのグループについて，それぞれの特徴をもつ化石がどのくらい前の年代の地層から発見されるか，そのおおよその期間を示したものである。(X)～(Z)にあてはまる脊椎動物のグループの組み合わせとして適切なものを，表のア～カの中から1つ選び，その記号を書きなさい。 ➡3　佐賀県

[　　　　]

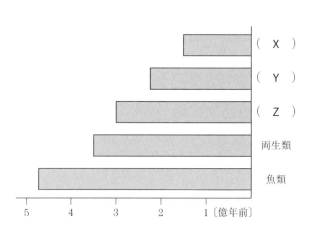

	X	Y	Z
ア	哺乳類	鳥類	は虫類
イ	哺乳類	は虫類	鳥類
ウ	鳥類	哺乳類	は虫類
エ	鳥類	は虫類	哺乳類
オ	は虫類	哺乳類	鳥類
カ	は虫類	鳥類	哺乳類

2 身近な動物である，キツネ，カニ，イカ，サケ，イモリ，サンショウウオ，マイマイ，カメ，ウサギ，アサリの10種を，2つの特徴に着目して，次のように分類した。これについて，あとの各問いに答えなさい。 ➡1,2　栃木県

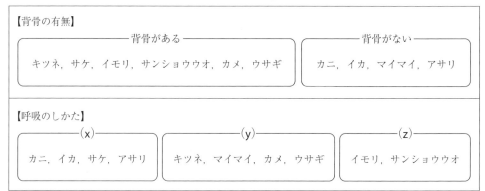

【背骨の有無】

　背骨がある
　キツネ，サケ，イモリ，サンショウウオ，カメ，ウサギ

　背骨がない
　カニ，イカ，マイマイ，アサリ

【呼吸のしかた】

(x)
カニ，イカ，サケ，アサリ

(y)
キツネ，マイマイ，カメ，ウサギ

(z)
イモリ，サンショウウオ

正答率 **87.7%** (1)背骨がないと分類した動物のうち，体表が節のある外骨格におおわれているものはどれか。次のア～エの中から1つ選び，その記号を書きなさい。　[　　　　]

　ア　カニ　　イ　イカ　　ウ　マイマイ　　エ　アサリ

(2)(z)に入る次の説明文のうち，①，②，③にあてはまる言葉をそれぞれ書きなさい。

　①[　　　　]　②[　　　　]　③[　　　　]

子は　①　と皮膚で呼吸し，親は　②　と　③　で呼吸する。

3

家のまわりで見つけた動物を，次のように分類した。これについて，あとの各問いに答えなさい。↩**2, 3**

岩手県・改

① 家のまわりで**図1**の動物を見つけた。

図1

| トカゲ | イモリ | フナ | ネズミ | スズメ |

② **表1**は，①の動物を「体表のようす」で分類し，まとめたものである。

表1

特徴	うろこ	しめった皮膚	体毛	羽毛
動物	フナ　トカゲ	イモリ	ネズミ	スズメ

③ **表2**は，①の動物を「呼吸の方法」で分類し，まとめたものである。

表2

特徴	えら呼吸	幼生はえら・皮膚呼吸 成体は肺・皮膚呼吸	肺呼吸
動物	フナ	イモリ	トカゲ　ネズミ　スズメ

(1) ①で，見つけた動物はすべて脊椎動物である。次の**ア～エ**の中で，地球上に最初に現れたと考えられている脊椎動物はどれか。1つ選び，その記号を書きなさい。

[　　　　]

ア　は虫類　　**イ**　両生類　　**ウ**　魚類　　**エ**　哺乳類

(2) バッタの体表は，脊椎動物と異なり，からだがかたい殻でおおわれている。このからだを支えたり保護したりするための殻を何というか。言葉で書きなさい。

図2

[　　　　　　　]

バッタ

(3) ③で，次の**ア～エ**の中で，動物が呼吸でとりこんだ気体によって細胞内で起きていることとして，適切なものはどれか。1つ選び，その記号を書きなさい。

[　　　　]

ア　二酸化炭素とデンプンから，光のエネルギーを使い，酸素と水がつくられる。

イ　二酸化炭素と水から，光のエネルギーを使い，酸素とデンプンがつくられる。

ウ　酸素を使って栄養分からエネルギーがとり出され，二酸化炭素と水ができる。

エ　酸素を使って栄養分からエネルギーがとり出され，二酸化炭素とデンプンができる。

(4)①で見つけた動物を,「子のうみ方」で分類し,表を完成させるとどうなるか。(　A　)と(　B　)にはあてはまる特徴を,(　X　)と(　Y　)にはあてはまるすべての動物を,それぞれ言葉で書きなさい。

A［　　　　　］　　B［　　　　　］

X［　　　　　　　　　　　　　　　　　　］

Y［　　　　　　　　　　　　　　　　　　］

特徴	（ A ）	（ B ）
動物	（ X ）	（ Y ）

4 図1のように,コウモリ,ニワトリ,トカゲ,アサリを,それぞれがもつ特徴をもとに分類した。P～Sは,それぞれ卵生,胎生,恒温動物,変温動物のいずれかである。これについて,次の各問いに答えなさい。⤴**2,3** 〔愛媛県〕

(1)図1において,アサリは,無脊椎動物に分類されるが,内臓などが□□□膜(まく)とよばれる膜でおおわれているという特徴をもつことから,さらに軟体動物に分類される。□□□にあてはまる適切な言葉を書きなさい。 ［　　　　　　　］

図1

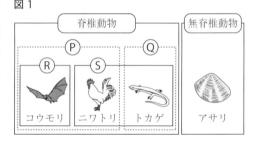

脊椎動物　無脊椎動物

Ⓟ Ⓠ Ⓡ Ⓢ

コウモリ　ニワトリ　トカゲ　アサリ

(2)次の文の①,②の｛　｝の中から,それぞれ適切なものを1つずつ選び,その記号を書きなさい。 ①［　　　］　②［　　　］

トカゲは,①｛**ア** えら　　**イ** 肺｝で呼吸を行い,体表は②｛**ウ** 外骨格　**エ** うろこ｝でおおわれている。

(3)胎生は,図1のP～Sのどれにあたるか。1つ選び,その記号を書きなさい。

［　　　　　］

(4)図2は,コウモリの翼とヒトのうでをそれぞれ表したものである。この2つは,□□□□□□□□□が同じであることから,もとは同じ器官であったと考えられる。このような器官を相同器官という。□□□□□□□□□にあてはまる適切な言葉を,「形やはたらき」「基本的なつくり」の2つの言葉を用いて,簡潔に書きなさい。

［　　　　　　　　　　　　　　　　　　　　　　　　　　　　］

図2

コウモリの翼　　ヒトのうで

5 植物の分類

1 植物の分類

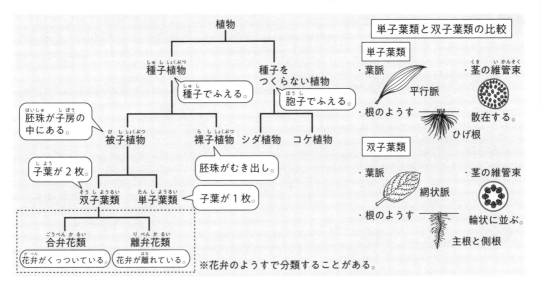

単子葉類と双子葉類の比較

単子葉類	
・葉脈 平行脈	・茎の維管束 散在する。
・根のようす ひげ根	

双子葉類	
・葉脈 網状脈	・茎の維管束 輪状に並ぶ。
・根のようす 主根と側根	

植物

種子植物 ── 種子でふえる。

種子をつくらない植物 ── 胞子でふえる。

被子植物 ── 胚珠が子房の中にある。

裸子植物 ── 胚珠がむき出し。

シダ植物

コケ植物

双子葉類 ── 子葉が2枚。

単子葉類 ── 子葉が1枚。

合弁花類 ── 花弁がくっついている。

離弁花類 ── 花弁が離れている。

※花弁のようすで分類することがある。

2 シダ植物

1 からだのつくり…光合成を行う。維管束があり，**葉・茎・根の区別がある**。

例 イヌワラビ，ゼンマイなど。

2 なかまのふやし方…**胞子**でふえる。胞子は胞子のうでつくられる。

▶胞子のうは乾燥するとさけて，中の胞子が飛び出す。

3 水や養分のとり入れ方…根から吸収する。

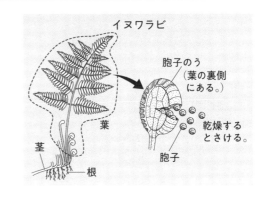

イヌワラビ

胞子のう（葉の裏側にある。）

乾燥するとさける。

胞子

葉

茎

根

3 コケ植物

1 からだのつくり…光合成を行う。維管束がなく，**葉・茎・根の区別がない**。

例 ゼニゴケ，スギゴケなど。

2 なかまのふやし方…**胞子**でふえる。胞子は雌株の胞子のうでつくられる。

3 水や養分のとり入れ方…からだの表面からとり入れる。

▶**仮根**…からだを地面に固定するはたらき。
└→水を吸収するはたらきはない。

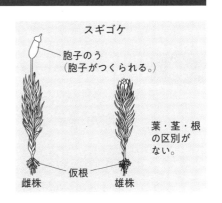

スギゴケ

胞子のう（胞子がつくられる。）

葉・茎・根の区別がない。

雌株　仮根　雄株

1 下の図は，ゼニゴケ，タンポポ，スギナ，イチョウ，イネの５種類の植物を，「種子を
つくる」，「葉，茎，根の区別がある」，「子葉が２枚ある」，「子房がある」の特徴に注目し
て，あてはまるものには○，あてはまらないものには×をつけ，分類したものである。
これらの植物を分類したそれぞれの特徴は，下の図の①〜④のいずれかにあてはまる。
これについて，次の各問いに答えなさい。↩**1, 2, 3**　　　　　　　　　　 兵庫県

正答率
72.4%
(1) 図の②，④の特徴として適切なものを，
次の**ア〜エ**の中から１つずつ選び，その
記号を書きなさい。

②[　　　　] 　④[　　　　]

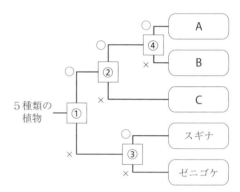

ア 種子をつくる

イ 葉，茎，根の区別がある

ウ 子葉が２枚ある

エ 子房がある

(2) 図の**A〜C**の植物として適切なものを，次の**ア〜ウ**の中から１つずつ選び，その
記号を書きなさい。　　　　　A[　　　　] 　B[　　　　] 　C[　　　　]

ア タンポポ　　**イ** イチョウ　　**ウ** イネ

正答率
81.4%
(3) ゼニゴケの特徴として適切なものを，次の**ア〜オ**の中から１つ選び，その記号を
書きなさい。　　　　　　　　　　　　　　　　　　　　　　[　　　　]

ア 花弁はつながっている。

イ 葉脈は平行に通る。

ウ 雄花に花粉のうがある。

エ 維管束がある。

オ 水をからだの表面からとり入れる。

2 あきらさんとゆうさんは，植物について学習をしたあと，学校とその周辺の植物の観
察会に参加した。次の①，②，③は，観察したときの記録の一部である。これについ
て，あとの各問いに答えなさい。↩**1, 2, 3**　　　　　　　　　　 栃木県

【観察】① 学校の近くの畑でサクラとキャベツを観察し，サクラの花の断面（**図１**）と
キャベツの葉のようす（**図２**）をスケッチした。

② 学校では，イヌワラビとゼニゴケのようす（**図３**）を観察した。イヌワラビは土に，

ゼニゴケは土や岩に生えていることを確認した。

③ 植物のからだのつくりを観察すると，いろいろな特徴があり，共通する点や異なる点があることがわかった。そこで，観察した4種類の植物を，子孫のふえ方にもとづいて，P(サクラ，キャベツ)とQ(イヌワラビ，ゼニゴケ)になかま分けをした。

図1 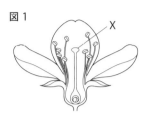　図2 　図3

正答率 87.6%

(1) 図1のXのような，めしべの先端(せんたん)部分を何というか。　[　　　　　　]

(2) 次の図のうち，図2のキャベツの葉のつくりから予想される，茎の横断面と根の特徴を適切に表した図の組み合わせはどれか。次のア〜エの中から1つ選び，その記号を書きなさい。　[　　　　　　]

(茎) 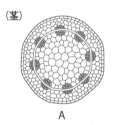 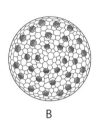　(根)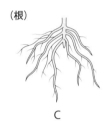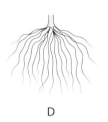

A　　　B　　　C　　　D

ア AとC　イ AとD　ウ BとC　エ BとD

(3) 次の文章は，土がない岩でもゼニゴケが生活することのできる理由について，水の吸収にかかわるからだのつくりに着目してまとめたものである。これについて，①，②にあてはまる言葉をそれぞれ書きなさい。

①[　　　　　]　②[　　　　　]

イヌワラビと異なり，ゼニゴケは　①　の区別がなく，水を　②　から吸収する。そのため，土がなくても生活することができる。

正答率 75.3%

(4) 次の[　　　]内は，観察会を終えたあきらさんとゆうさんの会話である。

あきら「校庭のマツは，どのようになかま分けできるかな。」
ゆ　う「観察会でPとQに分けた基準で考えると，マツはPのなかまに入るよね。」
あきら「サクラ，キャベツ，マツは，これ以上なかま分けできないかな。」
ゆ　う「サクラ，キャベツと，マツの2つに分けられるよ。」

ゆうさんは，(サクラ，キャベツ)と(マツ)をどのような基準でなかま分けしたか。「胚珠」という言葉を用いて，簡潔に書きなさい。

[　　　　　　　　　　　　　　　　　　　　　　　　　　　]

6 感覚と運動のしくみ

1 感覚器官

1 目のつくりとはたらき

❶刺激の伝わり方

光→レンズ（水晶体）→網膜→視神経→脳

❷虹彩…ひとみの大きさを変えて，目に入る光の量を調節する。

❸レンズ（水晶体）…光を屈折させて，網膜上に像を結ぶ。

❹網膜…光の刺激を受けとる細胞がある。

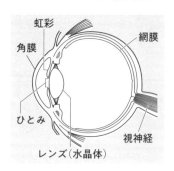

2 耳のつくりとはたらき

❶刺激の伝わり方

音→鼓膜→耳小骨→うずまき管→聴神経→脳

❷鼓膜…音(空気の振動)が伝わると最初にふるえる。

❸耳小骨…鼓膜の振動をうずまき管に伝える。

❹うずまき管…内部の液体の振動を聴神経に伝える。

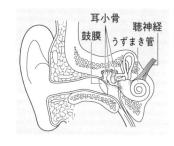

2 神経系

1 神経系…中枢神経(脳，脊髄)と末しょう神経(感覚神経，運動神経など)からなる。

2 刺激や命令の伝わり方…意識して起こす反応は，**脳から命令が出る**。

刺激 → 感覚器官 → 感覚神経 → ┐
　　　　　　　　　　　　　　　脊髄　脳
反応 ← 運動器官 ← 運動神経 ← ┘

3 反射…外界からの刺激に対して，無意識に起こる反応。

▶刺激の信号が脳に伝わる前に反応が起こるため，反応するまでの時間が短い。➡危険からからだを守るのにつごうがよい。

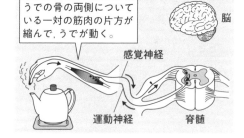

熱いものにふれて，思わず手を引っこめる反応(反射)

うでの骨の両側についている一対の筋肉の片方が縮んで，うでが動く。

4 反射のときの刺激や命令の伝わり方

刺激 → 感覚器官 → 感覚神経 → ┐
　　　　　　　　　　　　　　　脊髄
反応 ← 運動器官 ← 運動神経 ← ┘

3 骨格と筋肉

1 骨格と筋肉…骨を中心にして，両側に一対の筋肉がある。筋肉の両端は**けん**になっていて，**関節**をへだてた2つの骨につく。

▶一方が収縮するとき，もう一方はゆるむ。

入試データ 刺激や命令の伝わり方，反射や運動のしくみ，反応時間を求める出題が多い。

実戦トレーニング

➡ 解答・解説は別冊20ページ

1 ヒトの器官について，答えなさい。⤴**1**,**3**

兵庫県・改

(1) **図1**は，ヒトの目の断面の模式図である。

① レンズと網膜の部分として適切なものを，**図1**のア〜エの中から1つずつ選び，その記号を書きなさい。

レンズ[　　　　]

網膜[　　　　]

② 光の刺激を受けとる細胞がある部分として適切なものを，**図1**のア〜エの中から1つ選び，その記号を書きなさい。　[　　　　]

図1
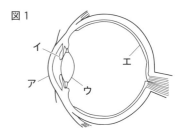

(2) **図2**は，ヒトのからだを正面から見たときのうでの模式図である。**図2**の状態からうでを曲げるときに縮む筋肉と，のばすときに縮む筋肉の組み合わせとして適切なものを，次のア〜エの中から1つ選び，その記号を書きなさい。　[　　　　]

図2
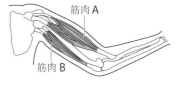
筋肉A
筋肉B

	曲げるとき	のばすとき
ア	筋肉A	筋肉A
イ	筋肉A	筋肉B
ウ	筋肉B	筋肉A
エ	筋肉B	筋肉B

2 ヒトの耳では空気の振動を受けとり，音を感じている。このように外界の刺激を受けとる器官を何というか。また，右の図で，X，Yのどちらが最初に空気の振動を受けとるか。次のア〜エの中から，その組み合わせとして適切なものを1つ選び，その記号を書きなさい。⤴**1**

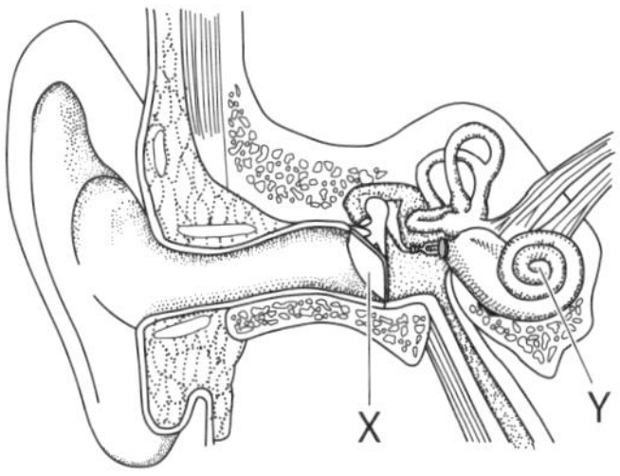

岩手県

[　　　　]

	ア	イ	ウ	エ
器官の名称	運動器官	運動器官	感覚器官	感覚器官
最初に受けとるところ	X	Y	X	Y

3

お急ぎ！

刺激に対するヒトの反応を調べる実験1，2を行った。これについて，あとの各問い
に答えなさい。🔄2

岐阜県

【実験1】 図1のように，6人が手をつないで輪になる。スト
ップウォッチを持った人が右手でストップウォッチをスタート
させると同時に，右手で隣(となり)の人の左手をにぎる。左手をにぎら
れた人は，右手でさらに隣の人の左手をにぎり，次々ににぎっ
ていく。ストップウォッチを持った人は，自分の左手がにぎら
れたら，すぐにストップウォッチを止め，時間を記録する。こ
れを3回行い，記録した時間の平均は，1.56秒であった。

図1

ストップウォッチ

【実験2】 図2のように，手鏡でひとみを見ながら，明るい方
から薄暗(うすぐら)い方に顔を向け，ひとみの大きさを観察したところ，
意識とは無関係に，ひとみは大きくなった。

図2

(1) 実験1で，1人の人が手をにぎられてから隣の人の手をにぎ
るまでにかかった平均の時間は何秒か。　　[　　　　　]

(2) 実験1で，「にぎる」という命令の信号を右手に伝える末しょ
う神経は何という神経か。　　　　　[　　　　　]

(3) 図3は，実験1で1人の人が手をにぎられてから隣 図3
の人の手をにぎるまでの神経の経路を模式的に示し
たものである。Aは脳，Bは皮膚(ひふ)，Cは脊髄，Dは
筋肉，実線──はそれらをつなぐ神経を表している。

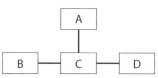

実験1で，1人の人が手をにぎられてから隣の人の手をにぎるまでに，刺激や命令
の信号は，どのような経路で伝わったか。信号が伝わった順に，左から右に記号
を書きなさい。ただし，同じ記号を2度使ってもよい。[　　　　　　　　　　]

(4) 実験2の下線部の反応のように，刺激を受けて，意識とは無関係に起こる反応を
何というか。　　　　　　　　　　　　　　　　　　　　[　　　　　　]

(5) 意識とは無関係に起こる反応は，意識して起こる反応と比べて，刺激を受けてか
ら反応するまでの時間が短い。その理由を，図3を参考にして「外界からの刺激の
信号が，」に続けて，「脳」，「脊髄」という2つの言葉を用いて，簡潔に説明しなさい。
[　　　　　　　　　　　　　　　　　　　　　　　　　　]

(6) 意識とは無関係に起こる反応として適切なものを，次のア～エの中から1つ選び，
その記号を書きなさい。　　　　　　　　　　　　　　　　[　　　　]

　ア　ボールが飛んできて，「危ない」と思ってよけた。

　イ　食べ物を口に入れると，だ液が出た。

　ウ　うしろから名前をよばれ，振(ふ)り向いた。

　エ　目覚まし時計が鳴り，音を止めた。

7 生物と細胞

1 細胞のつくり

1 **細胞**…生物のからだを構成する最小の単位。

❶**核**…1つの細胞に1つある。染色液によく染まる部分。

❷**細胞質**…核のまわりの部分。

❸**細胞膜**…細胞質のいちばん外側にあるうすい膜。

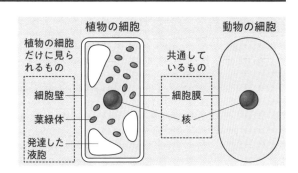

植物の細胞 / 動物の細胞
植物の細胞だけに見られるもの / 共通しているもの
細胞壁 / 葉緑体 / 発達した液胞 / 細胞膜 / 核

2 **動物の細胞と植物の細胞に共通して見られるもの**…**核，細胞膜**。

3 **植物の細胞に見られるつくり**

❶**細胞壁**…細胞膜の外側にある，厚くてじょうぶなつくり。植物のからだを支える。

❷**葉緑体**…**光合成**を行う，緑色の小さな粒。

❸**液胞**…細胞の活動にともなってできた物質や水が入った部分。
→動物の細胞にも見られるが，あまり発達していない。

4 **染色液**…**酢酸オルセイン溶液**や**酢酸カーミン溶液**を使うと，核が赤紫色や赤色に染まる。

> **CHECK! 細胞質**
>
> 細胞壁と核以外の部分をまとめて細胞質という。細胞膜は細胞質にふくまれるが，細胞壁はふくまれないことに注意。

2 単細胞生物と多細胞生物

1 **単細胞生物**…からだが**1つの細胞**だけでできている生物。

▶1つの細胞ですべての生命活動を行っている。

例 ミドリムシ，ゾウリムシなど。

2 **多細胞生物**…からだが**多くの細胞**でできている生物。

▶からだの各部分で細胞の形や大きさが異なる。

例 ヒト，タマネギなど。

> **CHECK! 単細胞生物のはたらき**
>
> 単細胞生物は，消化や運動，なかまをふやすなどの生物のすべてのはたらきを，1つの細胞だけで行っている。

3 多細胞生物のからだの成り立ち

1 **組織**…同じ形やはたらきの細胞が集まったもの。

2 **器官**…いくつかの種類の組織が集まって，ある特定のはたらきをする部分。

3 **個体**…いくつかの器官が集まったもの。

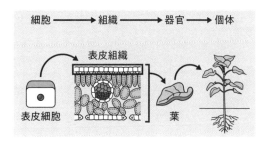

細胞 ━━→ 組織 ━━→ 器官 ━━→ 個体
表皮組織
表皮細胞 / 葉

1

正答率 90.4%

植物の細胞には，右の図のように，細胞膜の外側に厚く丈夫なつくりであるＡがあり，植物のからだを支えたり，からだの形を保ったりするのに役立っている。Ａを何というか，その名称を書きなさい。↪**1**   千葉県

[   ]

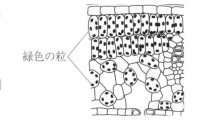

細胞膜

Ａ

2

右の図は，顕微鏡で観察したツバキの葉の断面を模式的に表したものである。図で示された，光合成を行う緑色の粒は何とよばれるか。その名称を書きなさい。↪**1**   愛媛県

[   ]

緑色の粒

3

正答率 80.0%

次のア～エの中で，多細胞生物はどれか。1つ選び，その記号を書きなさい。↪**2**   栃木県

[   ]

ア　ミジンコ

イ　ミカヅキモ

ウ　アメーバ

エ　ゾウリムシ

4

右の図は，オオカナダモの葉の細胞を模式的に表したものであり，図中の**ア～エ**は細胞のつくりのうち，核，細胞壁，細胞膜，葉緑体のいずれかを示している。次の①・②の文は，図中の**ア～エ**のいずれかの細胞のつくりについて説明したものである。①・②が説明している細胞のつくりとして適切なものを，それぞれ図中の**ア～エ**の中から1つずつ選び，その記号を書きなさい。また，その細胞のつくりの名称を，核，細胞壁，細胞膜，葉緑体から選んでそれぞれ書きなさい。↪**1**   高知県

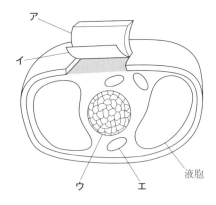

ア

イ

ウ　エ

液胞

① 植物細胞と動物細胞に共通して見られるつくりで，遺伝子をふくんでおり，酢酸オルセイン溶液によく染まる。

記号[　　　]　名称[　　　　　　]

② 植物細胞には見られるが，動物細胞には見られないつくりで，細胞質の一部である。

記号[　　　]　名称[　　　　　　]

 5 ゾウリムシやミドリムシはただ１つの細胞からできている。このように，ただ１つの細胞からなる生物を何というか，書きなさい。↩**2** [高知県]

[　　　　　　　　]

 6 生物のからだの成り立ちについて，次の各問いに答えなさい。↩**1,3** [高知県]

お急ぎ！

(1) 右の図は，ある被子植物の葉の内部に存在する細胞の模式図であり，図中の**X**は核を示している。核について述べた文として適切なものを，次の**ア～エ**の中からすべて選び，その記号を書きなさい。　[　　　　　]

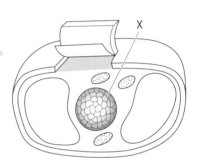

ア 植物の細胞のみに見られ，細胞を保護するとともに，植物のからだを支える役割も担っている。

イ 動物と植物の細胞に共通して見られ，酢酸オルセイン溶液によく染まる。

ウ 光を吸収し，二酸化炭素と水からデンプンなどを合成する光合成を行っている。

エ DNAを大量にふくんでおり，親の形質が子に伝わる遺伝にかかわる。

(2) 次の文は，多細胞生物のからだの成り立ちについて述べたものである。　①　・　②　にあてはまる言葉を書きなさい。

①[　　　　　]
②[　　　　　]

　被子植物の根・茎・葉や，脊椎動物の胃や小腸などのように，特定のはたらきを受けもつ部分を　①　という。　①　は，形やはたらきが同じ細胞が集合することで形成された　②　が，何種類か集まってできたものである。被子植物のからだは，根・茎・葉以外にも，花や果実など，さまざまな　①　が集まって構成されている。

8 生物の観察・観察器具の使い方

1 身近な生物の観察

1 **環境**…日当たりやしめりけが場所によって異なるため，見られる生物が変わる。

2 **スケッチのしかた**…細くけずった鉛筆を使い，影をつけずに**細い線ではっきりとかく**。対象とするものだけをかく。

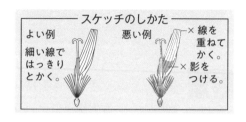

スケッチのしかた

よい例
細い線で
はっきり
とかく。

悪い例
×線を
重ねて
かく。
×影を
つける。

2 ルーペ，顕微鏡の使い方

1 **ルーペ**…持ち運べるので，野外観察に適している。

2 **ルーペの使い方**

❶**持ち方**…**目に近づけて持ち**，レンズと目を平行にする。

❷**ピントの合わせ方**

観察するものが動かせるとき
➡観察するものを動かす。

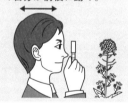

観察するものが動かせないとき
➡自分が前後に動く。

注意
・目をいためてしまうので，ルーペで太陽を見ない。
・顕微鏡の反射鏡に直射日光を当てない。

3 **顕微鏡の倍率**…約40～600倍で観察できる。

倍率＝接眼レンズの倍率×対物レンズの倍率

4 **顕微鏡の使い方**

❶直射日光の当たらない，明るい水平なところに置く。

❷**接眼レンズ→対物レンズ**の順にとりつける。

❸反射鏡としぼりで視野全体が明るく見えるようにする。

❹プレパラートをステージにのせ，真横から見ながら，プレパラートと対物レンズを**できるだけ近づける**。

❺接眼レンズをのぞき，プレパラートと対物レンズを**遠ざけながら**，ピントを合わせる。

ステージ上下式顕微鏡

レボルバー
接眼レンズ
鏡筒
対物レンズ
ステージ
しぼり
反射鏡
調節ねじ

5 **顕微鏡の視野の見え方**

❶**見える向き**…実物と，上下左右が逆。

❷**倍率を高くしたときの視野と明るさ**

・**視野**…せまくなる。

・**明るさ**…暗くなる。

6 **対物レンズとプレパラートの距離**

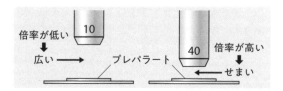

倍率が低い
→
広い ➡

10
プレパラート

40

倍率が高い
←せまい

入試データ 顕微鏡やルーペの使い方，観察上の注意点を確認しておこう。

実戦トレーニング

➡ 解答・解説は別冊21ページ

1 お急ぎ！

かいとさんは，校庭に生えていたタンポポの花をルーペで観察した。右の図は，かいとさんが，観察したタンポポの花をスケッチしたものである。これについて，次の各問いに答えなさい。

↩1, 2　　　[高知県]

4月15日
天気：晴れ
場所：校庭

めしべ
花弁
おしべ
がく
子房

タンポポの花
大きさは約16mm
花弁は黄色

正答率 77.2%

(1) タンポポの花のように，手に持って動かせるものを観察するときのルーペの使い方として適切なものを，次の**ア〜エ**の中から1つ選び，その記号を書きなさい。

[　　　]

ア ルーペを目に近づけ，観察するものを前後に動かして，よく見える位置で観察する。

イ ルーペを観察するものに近づけ，顔を前後に動かして，よく見える位置で観察する。

ウ ルーペと目，ルーペと観察するものの距離をそれぞれ20cmほどに保ち観察する。

エ 観察するものを目から20cmほど離し，ルーペを前後に動かして，よく見える位置で観察する。

正答率 88.8%

(2) かいとさんがかいたスケッチには，記録のしかたとして適切でないところがある。次の**ア〜エ**の中から1つ選び，その記号を書きなさい。　　　[　　　]

ア スケッチの中に，観察するものの各部の名前を書いている。

イ その日の天気など，観察するものとは関係のない情報を書いている。

ウ 大きさや色など，文字で観察するものの情報を表している。

エ 観察するものが立体的に見えるように，影をつけている。

2

ゾウリムシを顕微鏡で観察する。次の各問いに答えなさい。↩2　　　[佐賀県]

(1) プレパラートをつくるとき，**図1**のようにピンセットでカバーガラスの端をつまみ，片方からゆっくりとかぶせる。このようにすると観察しやすいプレパラートができるのはなぜか，簡潔に書きなさい。

[

図1

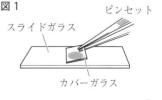

ピンセット
スライドガラス
カバーガラス

]

(2)図2のような顕微鏡で観察するときの操作として，次の**ア〜エ**を正しい手順に並べ，記号を書きなさい。　図2

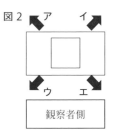

[　　　　　　　　　　　]

ア　プレパラートをステージにのせ，クリップで固定する。

イ　接眼レンズをのぞきながら反射鏡の角度を調節して，視野全体が一様に明るくなるようにする。

ウ　接眼レンズをのぞきながら調節ねじを回して，対物レンズとプレパラートを離していき，ピントが合ったら止める。

エ　横から見ながら調節ねじを少しずつ回し，対物レンズとプレパラートをできるだけ近づける。

3

正答率
18.8%

顕微鏡で細胞を観察するとき，図1のPの部分をさらにくわしく観察するための操作について説明した次の文の　①　に入る順として適切なものを，あとの**ア〜ウ**から1つ選び，その記号を書きなさい。また，　②　に入る方向として適切なものを，図2の**ア〜エ**の中から1つ選び，その記号を書きなさい。⤴**2**　　　兵庫県

①[　　　　]　　②[　　　　]

　①　の順で操作し，操作(c)でプレパラートを動かす方向は　②　である。

【操作】

(a) レボルバーを回して高倍率の対物レンズにする。

(b) しぼりを調節して見やすい明るさにする。

(c) プレパラートを動かし，視野の中央にPの部分を移動させる。

【①の順】　**ア**　(a)→(c)→(b)　　**イ**　(b)→(a)→(c)　　**ウ**　(c)→(a)→(b)

図1

P

観察者側

図2

ア　イ

ウ　エ

観察者側

4

右の図のような双眼実体顕微鏡を用いて観察するとき，どのような順序で使うか，次の**ア〜エ**を正しい順に左から並べて記号を書きなさい。⤴**2**　　　三重県

[　　　　　　　　　　　]

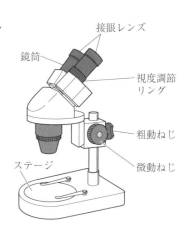

接眼レンズ

鏡筒

視度調節リング

粗動ねじ

ステージ

微動ねじ

ア　鏡筒を支えながら，粗動ねじを回して観察物の大きさに合わせて鏡筒を固定する。

イ　左目でのぞきながら，視度調節リングを回して像のピントを合わせる。

ウ　左右の鏡筒を調節し，接眼レンズの幅を目の幅に合わせる。

エ　右目でのぞきながら，微動ねじを回して像のピントを合わせる。

地学分野

1 気象観測・空気中の水蒸気の変化

☐ ① 一定面積あたりの面を垂直に押す力の大きさを何という？ [　　　]

☐ ② 空気 1 m³ 中にふくむことができる水蒸気の最大量を何という？ [　　　]

☐ ③ 空気中の水蒸気が凝結し始めるときの温度を何という？ [　　　]

☐ ④ 気温 18℃の空気 1 m³ 中に 7.7 g の水蒸気がふくまれている。この空気の湿度は何％？
ただし，気温 18℃のときの飽和水蒸気量は 15.4 g/m³ である。 [　　　]

☐ ⑤ 雨や雪などをまとめて何という？ [　　　]

☐ ⑥ 水の循環のもととなっているのは何？ [　　　]

2 地球の運動と天体の動き

☐ ① 太陽が真南にきたときの太陽の高度を何という？ [　　　]

☐ ② 太陽が 1 日に 1 回転するように見える見かけの動きを何という？ [　　　]

☐ ③ 地球の北極と南極を結ぶ軸を何という？ [　　　]

☐ ④ 星座の星は，1 時間に約何°東から西へ動いて見える？ [　　　]

☐ ⑤ 同じ時刻に見える星座の星は 1 か月に約何°東から西へ動いて見える？ [　　　]

☐ ⑥ 星座の星が南中する時刻は，1 か月に約何時間早くなる？ [　　　]

3 大地の変化

☐ ① れき，砂，泥は何によって区別する？ [　　　]

☐ ② うすい塩酸をかけると二酸化炭素が発生する堆積岩は何？ [　　　]

☐ ③ 地層が堆積した当時の環境を知る手がかりとなる化石を何という？ [　　　]

☐ ④ アンモナイトは何時代の示準化石？ [　　　]

☐ ⑤ 離れた地層を比較するときに役立つ火山灰などの層を何という？ [　　　]

4 太陽・月・惑星

☐ ① 太陽の表面の暗く見える部分を何という？ [　　　]

☐ ② 月のように，惑星のまわりを公転している天体を何という？ [　　　]

☐ ③ 同じ時刻に同じ場所で観測すると，月の見える位置は，　　図1
〔西から東，東から西〕へと変わっていく。

☐ ④ 図1のように，月，地球，太陽と一直線に並んだときに
〔日食，月食〕が起こる。

　　　　　　　　　　　　　　　　　　　　　　　　　月　地球　　　　　　　太陽

☐ ⑤ 日の入り後に見える金星は，どの方位の空にある？ [　　　]

5 大気の動きと日本の天気

☐ ① 晴れた日の夜，海岸付近でふく，陸から海に向かう風を何という？ [　　　]

☐ ② 大陸と海洋の温度差によって生じる季節に特有な風を何という？　　　　[　　　　　]

☐ ③ 春や秋には，何の影響によって日本付近に移動性高気圧と低気圧が交互におとずれる？
　　　　　　　　　　　　　　　　　　　　　　　　　　　　　　　　　[　　　　　]

☐ ④ 梅雨の時期には，小笠原気団と何気団の間に梅雨前線ができる？　　[　　　　　]

☐ ⑤ 日本の夏の天気に影響を与える気団は何？　　　　　　　　　　　　[　　　　　]

☐ ⑥ 日本の典型的な冬の気圧配置は何？　　　　　　　　　　　　　　　[　　　　　]

6（ 大気の動きと天気の変化 　　　　　　　　　　　　　　　　　　　 ）

☐ ① 風は，気圧の〔**高い，低い**〕ところから〔**高い，低い**〕ところへふく。

☐ ② 等圧線の間隔が〔**広い，せまい**〕ほど，強い風がふく。

☐ ③ 暖気が寒気の上にはい上がって進む前線を何という？　　　　　　　[　　　　　]

☐ ④ 寒冷前線が通過すると，気温は〔**上がる，下がる**〕。

☐ ⑤ 温暖前線が通過すると，〔**北寄り，南寄り**〕の風がふく。

☐ ⑥ 中緯度帯の上空を西から東へ向かう大気の動きを何という？　　　　[　　　　　]

7（ 火をふく大地 　　　　　　　　　　　　　　　　　　　　　　　　 ）

☐ ① マグマのねばりけが〔**強い，弱い**〕火山は，激しい噴火をする。

☐ ② マグマのねばりけが強い火山の溶岩は，〔**黒っぽい，白っぽい**〕。

☐ ③ マグマが地下深くでゆっくり冷え固まってできた火成岩は何？　　　[　　　　　]

☐ ④ ③の火成岩のつくりを何という？　　　　　　　　　　　　　　　　[　　　　　]

☐ ⑤ 磁石に引きつけられる有色鉱物は何？　　　　　　　　　　　　　　[　　　　　]

8（ ゆれる大地 　　　　　　　　　　　　　　　　　　　　　　　　　 ）

☐ ① 震源の真上の地表の地点を何という？　　　　　　　　　　　　　　[　　　　　]

☐ ② 地震のとき，あとからくる大きなゆれを何という？　　　　　　　　[　　　　　]

☐ ③ 初期微動継続時間は，震源からの距離が大きくなるほど〔**長く，短く**〕なる。

☐ ④ 過去に何度もずれ動き，今後もずれる可能性がある断層は何？　　　[　　　　　]

☐ ⑤ 地球の表面をおおう厚さ約100kmの岩盤を何という？　　　　　　[　　　　　]

弱点チェックシート

正解した問題の数だけ塗りつぶそう。
正解の少ない項目があなたの弱点部分だ。

弱点項目から取り組む人は，このページへGO！

1 気象観測・空気中の水蒸気の変化	1	2	3	4	5	6	→118 ページ
2 地球の運動と天体の動き	1	2	3	4	5	6	→122 ページ
3 大地の変化	1	2	3	4			→126 ページ
4 太陽・月・惑星	1	2	3	4	5		→130 ページ
5 大気の動きと日本の天気	1	2	3	4	5	6	→134 ページ
6 大気の動きと天気の変化	1	2	3	4	5	6	→138 ページ
7 火をふく大地	1	2	3	4	5		→142 ページ
8 ゆれる大地	1	2	3	4	5		→146 ページ

1 気象観測・空気中の水蒸気の変化

1 気象観測

1 **圧力**…一定面積あたりの面を垂直に押す力の大きさ。単位は**パスカル**〔Pa〕。
↳1 Pa = 1 N/m²

2 **大気圧（気圧）**…上空にある**空気にはたらく重力による圧力**。単位は**ヘクトパスカル**〔hPa〕。
↳1 hPa = 100 Pa

3 **気象要素**…大気の状態を表す要素。**気温**，**湿度**，**気圧**，**風向**，**風速・風力**，**雲量**，**雨量**など。

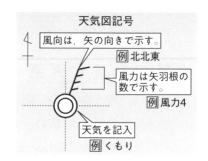

天気図記号

風向は，矢の向きで示す。
例 北北東

風力は矢羽根の数で示す。
例 風力4

天気を記入
例 くもり

2 飽和水蒸気量と湿度

1 **飽和水蒸気量**…空気1 m³中にふくむことができる水蒸気の最大量。温度が高くなるほど大きい。

2 **露点**…水蒸気が**凝結**し始めるときの温度。
↳空気中の水蒸気が水滴に変わること。

▶露点では，**空気中の水蒸気量が飽和水蒸気量と同じ**になる。

3 **湿度**…空気のしめりぐあい。

$$湿度〔\%〕＝\frac{空気1 m³中にふくまれる水蒸気量〔g/m³〕}{その温度での飽和水蒸気量〔g/m³〕}×100$$

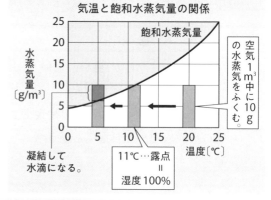

気温と飽和水蒸気量の関係

飽和水蒸気量

水蒸気量〔g/m³〕

温度〔℃〕

空気1 m³中に水蒸気を10 g ふくむ。

凝結して水滴になる。

11℃…露点＝湿度100%

3 雲と降水

1 **雲のでき方**…空気のかたまりが**上昇**する。➡ 上空の**気圧が低い**ため，空気のかたまりは**膨張**し，**温度が下がる**。➡ **露点よりも低い温度**になると，水蒸気の一部が水滴や氷の粒になる。➡ 雲ができる。

2 **降水**…雨や雪など。

3 **水の循環**…地球上の水は，**液体**，**気体**，**固体**と状態を変化させながら，地球上を循環している。

▶水の循環のもととなっているのは，**太陽のエネルギー**である。

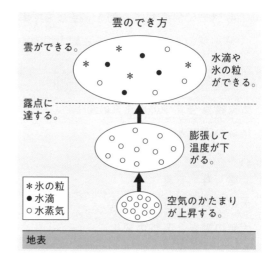

雲のでき方

雲ができる。

水滴や氷の粒ができる。

露点に達する。

膨張して温度が下がる。

＊氷の粒
●水滴
○水蒸気

空気のかたまりが上昇する。

地表

入試データ 圧力や湿度に関する計算問題や天気図記号をかく問題がよく出題される。

実戦トレーニング

➡ 解答・解説は別冊22ページ

1 右の表は，湿度表の一部である。乾湿計の乾球の示す温度（示度）が10.0℃のとき，湿球の示す温度（示度）は7.5℃であった。このときの湿度を，表を用いて求めなさい。

🔄**1** 北海道

[　　　　　]

		乾球の示す温度と湿球の示す温度の差〔℃〕					
		0.0	0.5	1.0	1.5	2.0	2.5
乾球の示す温度〔℃〕	13	100	94	88	82	77	71
	12	100	94	88	82	76	70
	11	100	94	87	81	75	69
	10	100	93	87	80	74	68
	9	100	93	86	80	73	67
	8	100	93	86	79	72	65
	7	100	93	85	78	71	64

2 図1のように，立方体の物体Aと直方体の物体Bを水平な床に置いた。表は，それぞれの物体の質量と図1のように物体を床に置いたときの底面積を示したものである。さらに，図2のように，物体Aを3個積み上げて置いた。これについて，あとの各問いに答えなさい。ただし，100gの物体にはたらく重力の大きさを1Nとし，それぞれの物体が床を押す力は，床に均等にはたらくものとする。 🔄**1** 三重県

	物体A	物体B
質量〔g〕	40	120
底面積〔cm²〕	4	16

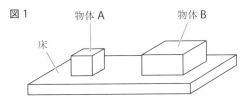

図1

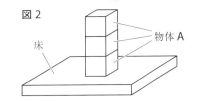

図2

(1) 積み上げて置いた物体A3個が，床を押す力の大きさは何Nか。[　　　　　]

(2) 積み上げて置いた物体A3個が床におよぼす圧力と等しくなるのは，物体Bをどのように積み上げて置いたときか，次のア～エの中から適切なものを1つ選び，その記号を書きなさい。 [　　　　　]

ア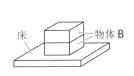
イ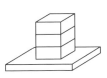
ウ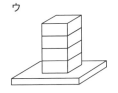
エ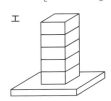

3 北海道の冬の天気の特徴について調べるため，次の実習を行った。これについて，あとの問いに答えなさい。

↩**1, 2** 北海道

表1　A市の観測結果

時	気温〔℃〕	湿度〔%〕	天気	風向	風力
2	−7	90	雪	南西	2
8	−7	78	雪	南西	2
14	−6	93	雪	西	3
20	−7	94	雪	西南西	4

【実習】12月のある日の北海道の日本海側のA市と太平洋側のB市の気象台で観測された気象要素を調べた。**表1**はA市の結果を，**表2**はB市の結果をそれぞれ6時間ごとにまとめたものである。

表2　B市の観測結果

時	気温〔℃〕	湿度〔%〕	天気	風向	風力
2	−6	46	晴れ	西	3
8	−5	42	晴れ	西	2
14	−2	35	晴れ	西	3
20	−6	58	晴れ	西北西	2

(1) 右の図は，天気の記号をかく部分を○で示し，4方位を点線で表したものである。B市の14時の天気，風向，風力を，図に天気図記号でかきなさい。

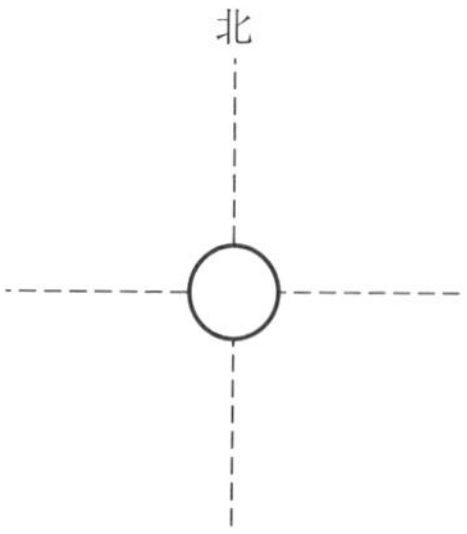

北

HIGH LEVEL (2) 次の文は，B市がA市に比べて湿度が低いことについて説明したものである。　①　～　③　にあてはまる数値を，**表3**を用いて，それぞれ書きなさい。ただし，　③　にあてはまる数値は，小数第2位を四捨五入し，小数第1位まで求めなさい。なお，空気が移動する間は水蒸気の供給がなく，水蒸気から生じるものはすべて水滴とし，その水滴は空気中からすべて失われるものとする。

①[　　　]　　②[　　　]　　③[　　　]

　A市の2時の空気1m³中にふくまれている水蒸気量は　①　gである。この空気がB市まで移動する間に−16℃まで下がると空気1m³あたり　②　gの水滴を生じ，その後B市で−5℃まで上がると湿度は　③　%となる。このことから，B市はA市に比べ湿度が低いことがわかる。

表3

気温〔℃〕	飽和水蒸気量〔g/m³〕	気温〔℃〕	飽和水蒸気量〔g/m³〕	気温〔℃〕	飽和水蒸気量〔g/m³〕
0	4.9	−7	3.0	−14	1.7
−1	4.5	−8	2.7	−15	1.6
−2	4.2	−9	2.5	−16	1.5
−3	3.9	−10	2.4	−17	1.4
−4	3.7	−11	2.2	−18	1.3
−5	3.4	−12	2.0	−19	1.2
−6	3.2	−13	1.9	−20	1.1

4

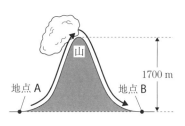

お急ぎ！

右の図は，空気のかたまりが，標高0m
の地点Aから斜面に沿って上昇し，あ
る標高で露点に達して雲ができ，標高
1700mの山をこえ，反対側の標高0m
の地点Bにふき下りるまでのようすを
模式的に表したものである。表は，気温
と飽和水蒸気量の関係を示したものである。↪**2, 3**

静岡県

気温〔℃〕	飽和水蒸気量〔g/m³〕
1	5.2
2	5.6
3	6.0
4	6.4
5	6.8
6	7.3
7	7.8
8	8.3
9	8.8
10	9.4
11	10.0
12	10.7
13	11.4
14	12.1
15	12.8
16	13.6
17	14.5
18	15.4
19	16.3
20	17.3

正答率 78.3%

(1) 次の文が，空気のかたまりが上昇すると，空気のかたまりの温度が下
がる理由について適切に述べたものとなるように，文中の ① ，
② のそれぞれに補う言葉の組み合わせとして，あとの**ア～エ**の
中から適切なものを1つ選び，その記号を書きなさい。　[　　　]
　　上空ほど気圧が ① くなり，空気のかたまりが ② するから。

ア ① 高　② 膨張　**イ** ① 高　② 収縮

ウ ① 低　② 膨張　**エ** ① 低　② 収縮

(2) ある晴れた日の午前11時，地点Aの気温は16℃，湿度は50%であ
った。この日，上の図のように，地点Aの空気のかたまりは，上昇
して山頂に到達するまでに，露点に達して雨を降らせ，山をこえて
地点Bにふき下りた。右の表をもとにして，次の各問いに答えなさい。
ただし，雲が発生するまで，1m³あたりの空気にふくまれる水蒸気量は，空気が
上昇しても下降しても変わらないものとする。

正答率 34.3%

① 地点Aの空気のかたまりが露点に達する地点の標高は何mか。また，地点Aの
空気のかたまりが標高1700mの山頂に到達したときの，空気のかたまりの温
度は何℃か。それぞれ計算して答えなさい。ただし，露点に達していない空気
のかたまりは100m上昇するごとに温度が1℃下がり，露点に達した空気のか
たまりは100m上昇するごとに温度が0.5℃下がるものとする。

標高[　　　　　　]

温度[　　　　　　]

正答率 12.7%

② 山頂での水蒸気量のまま，空気のかたまりが山をふき下りて地点Bに到達した
ときの，空気のかたまりの湿度は何%か。小数第2位を四捨五入して，小数第
1位まで書きなさい。ただし，空気のかたまりが山頂からふき下りるときには，
雲は消えているものとし，空気のかたまりは100m下降するごとに温度が1℃
上がるものとする。　　　　　　　　　　　　　[　　　　　　]

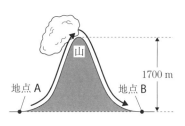

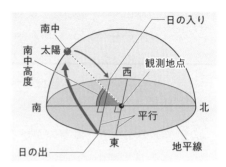

出題率 **55%**

2 地球の運動と天体の動き

1 太陽の1日の動き

1 太陽の1日の動き…東の空からのぼり，南の空を通り，西の空に沈む。

2 南中と南中高度…太陽や星が真南にくることを**南中**，そのときの高度を**南中高度**という。

3 透明半球を用いた太陽の日周運動の観察…透明半球は**天球**のモデル。中心が**観測者の位置**を表す。太陽の位置は，ペン先の影が透明半球の中心に重なるようにしてかく。

4 日周運動…地球が**西から東へ自転**することで，太陽や星が**東から西へ**，1日に1回転するように見える見かけの動き。

▶**自転**…地球が**地軸**(北極と南極を結ぶ軸)を中心に，1日に1回転すること。

2 星の1日の動き

1 星の1日の動き…星は1時間に約**15°**，**東から西へ**動いて見える。

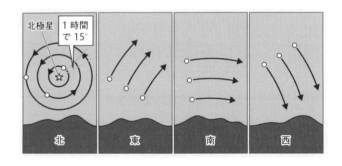

CHECK! **回転の中心は北極星**

北半球では，星は北極星を中心に回転しているように見える。これは，地軸を延長した方向に北極星があるため。

3 星や太陽の1年の動き，季節の変化

1 同じ時刻に見える星(星座)の位置…1か月に約**30°**ずつ，東から西へ移る。星が同じ位置に見える時刻は1か月に約**2時間ずつ**早くなる。➡地球の**公転**による年周運動。

2 季節による星座の見え方…地球から見て，太陽の方向にある星座は見ることができない。

3 季節の変化が起こる理由…地球が**地軸を傾けたまま**，太陽のまわりを**公転**しているため，太陽の南中高度や昼の長さなどが変わり，季節の変化が生じる。

地球の公転と地軸の傾き，四季のおもな星座，北半球の季節

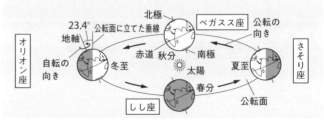

入試データ 天体の日周運動，年周運動，季節の変化が起こる理由も確認しておこう。

実戦トレーニング

→ 解答・解説は別冊23ページ

右の図は，ある場所で観察した午後9時のカシオペヤ座の見える位置の記録である。その後，夜明けまで観察を続けると，カシオペヤ座は北極星をほぼ中心として，一定の速さで夜空を動いているように見えた。これについて，次の各問いに答えなさい。⤵2 　佐賀県

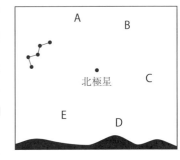

(1) 下線部のような動きを何というか，書きなさい。

[　　　　　　　]

(2) 4時間後(午前1時)のカシオペヤ座の位置として適切なものを，図のA～Eの中から1つ選び，その記号を書きなさい。　[　　　　]

2　太陽と地球の関係について，答えなさい。⤵3　　兵庫県・改

(1) 右の図は，太陽と公転軌道上の地球の位置関係を模式的に表したもので，ア～エは春分，夏至，秋分，冬至のいずれかの地球の位置を表している。日本が春分のときの地球の位置として適切なものを，図のア～エの中から1つ選び，その記号を書きなさい。[　　　　]

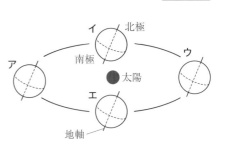

(2) 地球の自転と公転について説明した次の文の　①　，　②　に入る言葉の組み合わせとして適切なものを，あとのア～エの中から1つ選び，その記号を書きなさい。

[　　　　]

　　地球を北極側から見たとき，地球の自転の向きは　①　であり，地球の公転の向きは　②　である。

ア　①　時計回り　　②　時計回り　　イ　①　時計回り　　②　反時計回り

ウ　①　反時計回り　②　時計回り　　エ　①　反時計回り　②　反時計回り

お急ぎ!

図1のa～cの線は，日本の北緯35°のある地点Pにおける，春分，夏至，秋分，冬至のいずれかの日の太陽の動きを透明半球上に表したものである。また，図2は，太陽と地球および黄道付近にある星座の位置関係を模式的に示したもので，A～Dは，春分，夏至，秋分，冬至のいずれかの日の地球の位置を表している。あとの各問いに答えなさい。⤵1,3　　富山県

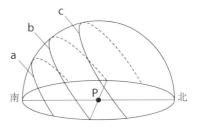

図1

(1) **図1**において，夏至の日の太陽の
動きを表しているのは a〜c のどれ
か。また，**図2**において，日本の
夏至の日の地球の位置を表してい
るのは A〜D のどれか。1 つずつ選
び，その記号を書きなさい。

図2

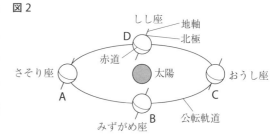

太陽の動き [　　　　]

地球の位置 [　　　　]

(2) **図2**において，地球が C の位置にある日の日没直後に東の空に見える星座はどれか。
次の**ア〜エ**の中から 1 つ選び，その記号を書きなさい。　　　　[　　　　]

ア しし座　　　　**イ** さそり座

ウ みずがめ座　　**エ** おうし座

(3) ある日の午前 0 時に，しし座が真南の空に見えた。この日から 30 日後，同じ場所で，
同じ時刻に観察するとき，しし座はどのように見えるか。次の**ア〜エ**の中から適
切なものを 1 つ選び，その記号を書きなさい。　　　　[　　　　]

ア 30 日前よりも東寄りに見える。

イ 真南に見え，30 日前よりも天頂寄りに見える。

ウ 30 日前よりも西寄りに見える。

エ 真南に見え，30 日前よりも地平線寄りに見える。

(4) 南緯 35°のある地点 Q における，ある日の天球上の太陽の動きとして適切なものを，
次の**ア〜エ**の中から 1 つ選び，その記号を書きなさい。　　　　[　　　　]

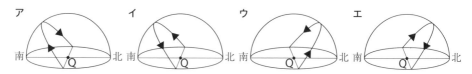

4 栃木県内の地点 X（北緯 37 度）と秋田県内の地点 Y（北緯 40 度）における，ソーラーパ
ネルと水平な地面のなす角について調べるために，次の①，②，③の調査や実験を行
った。これについて，あとの各問いに答えなさい。

栃木県

【調査や実験】① インターネットで調べると，ソーラーパネルの発電効率が最も高く
なるのは，太陽光の当たる角度が垂直のときであることがわかった。

② 地点 X で，秋分の太陽の角度と動きを調べるため，次の実験(i)，(ii)を順に行った。

(i) **図1**のように，板の上に画用紙をはり，方位磁針で方位を調べて東西南北を記
入し，その中心に垂直に棒を立て，日当たりのよい場所に，板を水平になるよ
うに固定した。

(ii) 棒の影の先端を午前 10 時から午後 2 時まで 1 時間ごとに記録し，影の先端の位置をなめらかに結んだ。**図 2** は，そのようすを模式的に表したものである。

③ 地点 X で，**図 3** のように，水平な地面から 15 度傾けて南向きに設置したソーラーパネルがある。そのソーラーパネルについて，秋分の南中時に発電効率が最も高くなるときの角度を計算した。同様の計算を地点 Y についても行った。

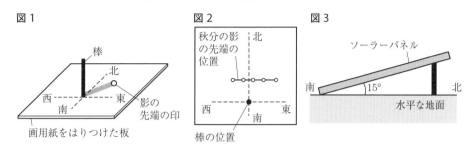

図1　図2　図3

(1) 次の文章は，地点 X における影の先端の動きについて述べたものである。(a)，(b)にあてはまる記号をそれぞれ｜　｜の中から 1 つずつ選び，書きなさい。

(a)[　　　]　　(b)[　　　]

実験②から，影の先端は**図 4** の(a)｜P・Q｜の方向へ動いていくことがわかる。秋分から 3 か月後に，同様の観測をしたとすると，その結果は**図 4** の(b)｜S・T｜のようになる。

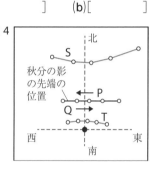

図4

正答率
19.2%

(2) 実験②と同様の観測を 1 年間継続したとすると，南中時に棒の長さと影の長さが等しくなると考えられる日がふくまれる期間は，次の**ア〜エ**のうちどれか。適切なものをすべて選び，その記号を書きなさい。　　　[　　　　　　]

ア 秋分から冬至　　**イ** 冬至から春分

ウ 春分から夏至　　**エ** 夏至から秋分

HIGH LEVEL (3) 次の文章は，実験③における，秋分の南中時に発電効率が最も高くなるときのソーラーパネルと水平な地面のなす角について説明したものである。(a)，(b)にそれぞれ適切な数値を，(c)はあてはまる記号を｜　｜の中から 1 つ選び，書きなさい。

(a)[　　　]　　(b)[　　　]　　(c)[　　　]

地点 X の秋分の南中高度は　(a)　度であり，ソーラーパネルと水平な地面のなす角を，15 度からさらに　(b)　度大きくする。このとき，地点 X と地点 Y におけるソーラーパネルと水平な地面のなす角を比べると，角度が大きいのは地点(c)｜X・Y｜である。

出題率 **43%**

3 大地の変化

1 地層のでき方

1 地層のでき方…かたい岩石が**風化**，**侵食**されてできたれき・砂・泥が流水によって**運搬**され，海底などに**堆積**することで地層ができる。

2 **堆積岩**…堆積物が押し固められて岩石になったもの。

れき岩	れき(直径2mm以上)が泥や砂とともに固まった岩石。
砂岩	砂(直径$\frac{1}{16}$〜2mm)が固まった岩石。
泥岩	泥(直径$\frac{1}{16}$mm以下)が固まった岩石。
凝灰岩	火山灰などが堆積し，固まった岩石。堆積当時に火山活動があったことがわかる。粒は，角ばっている。
石灰岩	生物体や海水中の石灰質(炭酸カルシウム)が固まった岩石。うすい塩酸をかけると，二酸化炭素が発生する。
チャート	生物体や海水中の二酸化ケイ素が固まった岩石。うすい塩酸をかけても，気体は発生しない。かたくて，鉄くぎで表面に傷がつけられない。

> 流水で運ばれて堆積したので，粒が丸みを帯びている。

2 化石

1 **示相化石**…地層が堆積した**当時の自然環境**を知る手がかりとなる化石。

> **例** **アサリ**…岸に近い，浅い海　　　**サンゴ**…あたたかく，浅い海

2 **示準化石**…地層が堆積した**時代**を知る手がかりとなる化石。
> **例** **新生代**…ナウマンゾウ，ビカリア，メタセコイア
> **中生代**…アンモナイト，恐竜のなかま
> **古生代**…フズリナ，サンヨウチュウ

▶地層が堆積した年代を**地質年代**(**地質時代**)という。

3 地層のつながり，大地の変化

1 地層のつながり…右の図のように，**柱状図**にある**かぎ層**を手がかりに地層のつながりを知ることができる。
> └→火山灰や凝灰岩などの層

2 **しゅう曲**…地層に力がはたらいて，曲がったもの。

3 **海岸段丘**…土地の隆起などによりつくられた，海岸沿いにある階段状の地形。

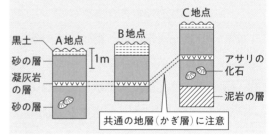

柱状図の例(標高をそろえて並べてある。)

黒土 / 砂の層 / 凝灰岩の層 / 砂の層 / A地点 / B地点 / C地点 / 1m / アサリの化石 / 泥岩の層 / 共通の地層(かぎ層)に注意

CHECK! この地域の地層について，上の図からわかること

・C地点側から見て，A，B地点側が低くなる向きに傾いている。(C地点だけ凝灰岩の層の位置が高いから。)
・砂の層が堆積した当時は，河口近くの海だった。(アサリの化石が見られたから。)
・堆積した場所は，しだいに浅くなっていった。(泥岩の層→砂の層の順に堆積しているから。)
・堆積中に火山活動があった。(凝灰岩の層があるから。)

入試データ いくつかの柱状図から地層のつながり方が問われる。化石や堆積岩の特徴をおさえておこう。

［実戦トレーニング］

➡ 解答・解説は別冊24ページ

1 3種類の **A～C** の堆積岩について，ルーペなどを用いて特徴を調べた。下の表は，その結果をまとめたものである。あとの各問いに答えなさい。 ↺ **1, 2** 　岐阜県

堆積岩	特　徴
A	角ばった鉱物の結晶からできていた。
B	化石が見られ，うすい塩酸をかけるととけて気体が発生した。
C	鉄のハンマーでたたくと鉄がけずれて火花が出るほどかたかった。

(1) **B** の堆積岩はサンゴのなかまの化石をふくんでいたので，あたたかくて浅い海で堆積したことがわかる。このように，堆積した当時の環境を推定できる化石を何というか，言葉で書きなさい。　　　　　　　　　　　　　　　[　　　　　　]

(2) **A～C** の堆積岩は石灰岩，チャート，凝灰岩のいずれかである。次の**ア～カ**の中から適切な組み合わせを1つ選び，その記号を書きなさい。　　　　[　　　　　　]

　ア 　A：石灰岩　　　B：チャート　　　C：凝灰岩

　イ 　A：石灰岩　　　B：凝灰岩　　　C：チャート

　ウ 　A：チャート　　B：石灰岩　　　C：凝灰岩

　エ 　A：チャート　　B：凝灰岩　　　C：石灰岩

　オ 　A：凝灰岩　　　B：石灰岩　　　C：チャート

　カ 　A：凝灰岩　　　B：チャート　　　C：石灰岩

2 図1は，ある露頭の模式図である。太郎さんは，この露頭で見られる地層 **P～S** について観察し，地層 **R** の泥岩から，図2のようなアンモナイトの化石を見つけた。これについて，次の各問いに答えなさい。 ↺ **1, 2** 　愛媛県

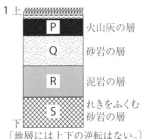

図1
P	火山灰の層
Q	砂岩の層
R	泥岩の層
S	れきをふくむ砂岩の層

〔地層には上下の逆転はない。〕

(1) 地層 **Q～S** の岩石にふくまれる粒については，風によって広範囲に運ばれる地層 **P** の火山灰の粒とは異なる方法で運搬され，堆積していることがわかっている。また，地層 **Q～S** の岩石にふくまれる粒と地層 **P** の火山灰の粒では，形の特徴にもちがいが見られた。地層 **Q～S** の岩石にふくまれる粒の形の特徴を，その粒が何によって運搬されたかについてふれながら，「地層 **Q ～S** の岩石にふくまれる粒は，」の書き出しに続けて簡潔に書きなさい。

図2

2 cm

[　　　　　　　　　　　　　　　　　　　　　　　　　　　　　　]

(2) 次の文の｜　　｜の中から，適切なものを１つずつ選び，その記号を書きなさい。

①[　　　　] ②[　　　　]

　　太郎さんは，後日，下線部の露頭をもう一度観察した。す
ると，地層 Q，S のいずれかの地層の中から，**図3**のような
ビカリアの化石が見つかった。ビカリアの化石が見つかった
のは，①｜**ア**　地層 Q　　**イ**　地層 S｜であり，その地層が堆
積した地質年代は②｜**ウ**　中生代　　**エ**　新生代｜である。

図3

2 cm

3 **図1**は，ボーリング調査が行われた地点 A，B，C，D とその標高を示す地図であり，
お急ぎ! **図2**は，地点 A，B，C の柱状図である。なお，この地域に凝灰岩の層は１つしかなく，
地層の上下逆転や断層は見られず，各層は平行に重なり，ある一定の方向に傾いてい
ることがわかっている。これについて，あとの各問いに答えなさい。⮐**1，3**　栃木県

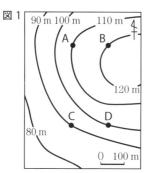

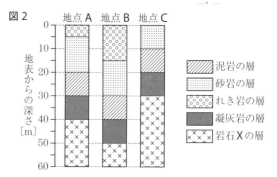

正答率 **81.9%**
①

(1) 採集された岩石 X の種類を見分けるためにさまざまな方法で調べた。次の文章は，
その結果をまとめたものである。①にあてはまる言葉を｜　　｜の中から選んで書
きなさい。また，②にあてはまる岩石名を書きなさい。

①[　　　　　　　] ②[　　　　　　　]

　　岩石 X の表面をルーペで観察すると，等粒状や斑状の組織が確認できなかった
ので，この岩石は①｜火成岩・堆積岩｜であると考えた。そこで，まず表面をくぎ
でひっかいてみると，かたくて傷がつかなかった。次に，うすい塩酸を数滴かけ
てみると，何の変化も見られなかった。これらの結果から，岩石 X は　②　であ
ると判断した。

正答率 **17.8%**
(2) この地域はかつて海の底であったことがわかっている。地点 B
の地表から地下 40 m までの層の重なりのようすから，水深はど
のように変化したと考えられるか。簡潔に書きなさい。

[　　　　　　　　　　　　　　　　　　　　　　　]

正答率 **24.5%**
(3) 地点 D の層の重なりを**図2**の柱状図のように表したとき，凝灰
岩の層はどの深さにあると考えられるか。右の**図3**に▒▒▒の
ようにぬりなさい。

図3

地表からの深さ〔m〕

4 大地の成り立ちと変化に関する次の各問いに答えなさい。↩**1,2,3** 〔静岡県〕

正答率 76.6%

(1) 地層に見られる化石の中には，ある限られた年代の地層にしか見られないものがあり，それらの化石を手がかりに地層ができた年代を推定することができる。地層ができた年代を知る手がかりとなる化石は，一般（いっぱん）に何とよばれるか。その名称（めいしょう）を書きなさい。　　　　　　　　　　　　　　　　　　　　[　　　　　　　]

(2) 下の図は，ある地域の A 地点〜C 地点における，地表から地下 15 m までの地層のようすを表した柱状図である。また，標高は，A 地点が 38 m，B 地点が 40 m，C 地点が 50 m である。

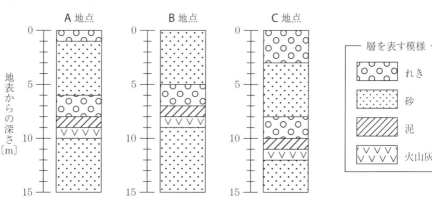

正答率 96.9%

① れき岩，砂岩，泥岩は，一般に，岩石をつくる粒の特徴によって区別されている。次の**ア〜エ**の中から，れき岩，砂岩，泥岩を区別する粒の特徴として適切なものを 1 つ選び，その記号を書きなさい。　　　　　　[　　　　　　]

ア 粒の成分

イ 粒の色

ウ 粒のかたさ

エ 粒の大きさ

正答率 77.4%

② 上の図のれきの層には，角がけずられて丸みを帯びたれきが多かった。図のれきが，角がけずられて丸みを帯びた理由を，簡潔に書きなさい。

[　　　　　　　　　　　　　　　　　　　　　　　　　　　　　　　　]

HIGH LEVEL

③ A 地点〜C 地点をふくむ地域の地層は，A 地点から C 地点に向かって，一定の傾きをもって平行に積み重なっている。A 地点〜C 地点を上空から見ると，A 地点，B 地点，C 地点の順に一直線上に並んでおり，A 地点から B 地点までの水平距離（きょり）は 0.6 km である。このとき，B 地点から C 地点までの水平距離は何 km か。図をもとにして，答えなさい。ただし，この地域の地層は連続して広がっており，曲がったりずれたりしていないものとする。

[　　　　　　　]

出題率 **41%**

4 太陽・月・惑星

1 太陽と月

1 黒点…太陽の表面の暗く見える部分。**まわりより温度が低いため，暗く見える。**
↳約6000℃ ↳約4000℃
▶黒点は，**中央では丸く見えるが周辺では細長く見える。➡太陽は球形**をしている。
▶黒点は，少しずつ**一方向へ移動**している。➡太陽は**自転**している。

2 プロミネンス（紅炎）…太陽の表面の炎のようなガスの動き。

3 コロナ…太陽をとり巻く高温のガスの層。

4 月…地球のまわりを公転する**衛星**。太陽・月・地球の位置関係が変わると**満ち欠け**して見える。

5 日食…地球から見て，太陽が月にかくされる現象。**太陽－月－地球**の順に一直線に並んだときに起こる。**新月**のときに起こる。
↳必ず起こるわけではない。
▶太陽全体が月にかくれることを**皆既日食**，一部がかくれることを**部分日食**という。

6 月食…地球から見て，月が地球の影に入る現象。**太陽－地球－月**の順に一直線に並んだときに起こる。**満月**のときに起こる。
↳必ず起こるわけではない。
▶月全体が地球の影に入ることを**皆既月食**，一部が地球の影に入ることを**部分月食**という。

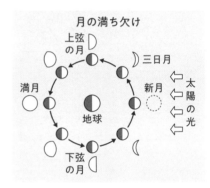

月の満ち欠け

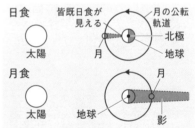

2 惑星の見え方

1 地球型惑星…**小型**で，**密度は大きい。水星，金星，地球，火星**

2 木星型惑星…**大型**で，**密度は小さい。木星，土星，天王星，海王星**

3 金星の見え方…**明け方の東の空**か，**夕方の西の空**で見られる。
↳明けの明星
↳よいの明星
▶金星は地球よりも**太陽の近くを公転している**ため，太陽と反対方向（真夜中）には見られない。

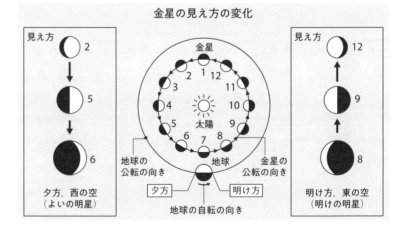

金星の見え方の変化

入試データ 月の満ち欠けや金星の見え方，黒点の動きなどがよく出題される。

実戦トレーニング

➡ 解答・解説は別冊24ページ

1 右の図は，天体望遠鏡に遮光板と太陽投影板を固定して，10月23日と27日の午後1時に，太陽の表面にある黒点のようすを観察し，スケッチしたものである。これについて，次の各問いに答えなさい。

↪**1**　　　[高知県]

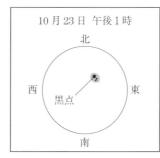
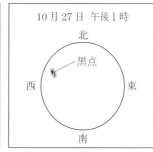

(1) 図のように，黒点の位置が西の方へ移動していた理由として適切なものを，次のア〜エの中から1つ選び，その記号を書きなさい。　　　　　　　[　　　]

　ア　地球が自転しているから。

　イ　地球が公転しているから。

　ウ　太陽が自転しているから。

　エ　太陽が公転しているから。

正答率 **78.0%** (2) 黒点が黒く見えるのはなぜか，その理由を簡潔に書きなさい。

　　[　　　　　　　　　　　　　　　　　　　　　　　　　　　　　　　　　]

2 右の図は，月，地球の位置関係および太陽の光の向きを模式的に示したものである。これについて，次の各問いに答えなさい。↪**1**

[三重県]

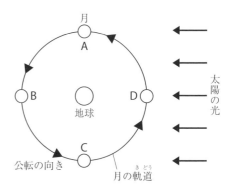

(1) 月のように，惑星のまわりを公転している天体を何というか，その名称を漢字で書きなさい。　　　　[　　　　　]

(2) 日食が起こるのは，月がどの位置にあるときか，図のA〜Dの中から適切なものを1つ選び，その記号を書きなさい。

　　　　　　　　　　　　　　　　　　　　　　　　　　　　　　　　[　　　]

(3) 月食とはどのような現象か，「太陽」，「月」，「地球」の位置関係にふれて，「影」という言葉を使って，簡潔に書きなさい。

　　[　　　　　　　　　　　　　　　　　　　　　　　　　　　　　　　　　]

3 ある日の明け方，真南に半月が見え，東の空に金星が見えた。これについて，次の問いに答えなさい。↩**1**,**2**

富山県

(1) 右の図は，静止させた状態の地球の北極の上方から見た，太陽，金星，地球，月の位置関係を示したモデル図である。金星，地球，月は太陽の光が当たっている部分(白色)と影の部分(黒色)をぬり分けている。この日の月と金星の位置はどこと考えられるか。月の位置は**A〜H**，金星の位置は**a〜c**の中から1つずつ選び，その記号を書きなさい。

月の位置[　　　]　　金星の位置[　　　]

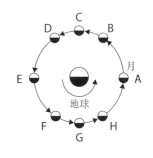

(2) この日のちょうど1年後に，同じ場所で金星を観察すると，いつごろ，どの方角の空に見えるか。次の**ア〜エ**の中から1つ選び，その記号を書きなさい。ただし，地球の公転周期は1年，金星の公転周期は0.62年とする。　　　　[　　　]

ア 明け方，東の空に見える。　　**イ** 明け方，西の空に見える。

ウ 夕方，東の空に見える。　　**エ** 夕方，西の空に見える。

(3) この日の2日後の同じ時刻に，同じ場所から見える月の形や位置として適切なものを，次の**ア〜エ**の中から1つ選び，その記号を書きなさい。　　[　　　]

ア 2日前よりも月の形は満ちていて，位置は西側に移動して見える。

イ 2日前よりも月の形は満ちていて，位置は東側に移動して見える。

ウ 2日前よりも月の形は欠けていて，位置は西側に移動して見える。

エ 2日前よりも月の形は欠けていて，位置は東側に移動して見える。

(4) 図において，月食が起きるときの月の位置はどこになるか。**A〜H**の中から1つ選び，その記号を書きなさい。　　　　[　　　]

4 図1は，静止させた状態の地球の北極の上方から見た，太陽，金星，地球の位置関係を示した模式図である。金星が**図1**の**A**，**B**，**C**，**D**の位置にあるとき，日本のある地点で，金星，月，太陽の観測を行った。金星の観測には天体望遠鏡も用いた。これについて，次の各問いに答えなさい。↩**1**,**2**

兵庫県

図1

金星の軌道

太陽

金星

A

B　　C

D

地球の軌道

自転の向き

地球

正答率 76.8% (1) 太陽のまわりを回る天体について説明した文として適切なものを，次の**ア**～**エ**の中から1つ選び，その記号を書きなさい。

[　　　　　]

ア　金星の公転周期は，地球の公転周期より長い。

イ　地球の北極の上方から見ると，月は地球のまわりを時計回りに公転している。

ウ　太陽，月，地球の順に，一直線に並ぶとき，月食が起こる。

エ　月は真夜中でも観測できるが，金星は真夜中には観測できない。

正答率 70.8% (2) **図1**のA，B，C，Dの位置での，金星の見え方について説明した文の組み合わせとして適切なものを，次の**ア**～**カ**の中から1つ選び，その記号を書きなさい。

[　　　　　]

① A，B，C，Dで，金星の欠け方が最も大きいのはDである。

② B，Dで，天体望遠鏡を同倍率にして金星を観測すると，Bの金星の方が大きく見える。

③ A，Cでは，金星のかがやいて見える部分の形は同じである。

④ C，Dでは，明け方の東の空で金星が観測できる。

ア　①と②　　**イ**　①と③　　**ウ**　①と④

エ　②と③　　**オ**　②と④　　**カ**　③と④

HIGH LEVEL (3) 右の表は，**図1**のA，Bそれぞれの位置に金星がある日の，太陽と金星が沈んだ時刻を記録したものである。

	太陽が沈んだ時刻	金星が沈んだ時刻
A	午後6時28分	午後8時16分
B	午後5時14分	午後5時49分

図2は，**図1**のAの位置に金星がある日の，日没直後の西の空のスケッチである。また，Bの位置に金星がある日は，日没直後に，金星と月が隣り合って観測できた。Bの位置に金星がある日の，日没直後の金星と月の位置，月の形を示すものとして適切なものを，次の**ア**～**エ**の中から1つ選び，その記号を書きなさい。

[　　　　　]

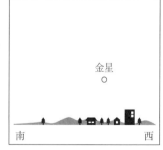

図2

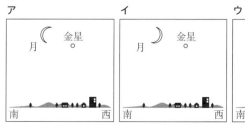
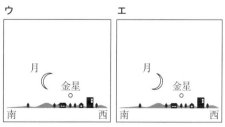

出題率 **37%**

5 大気の動きと日本の天気

1 大気の動き

1 海陸風(かいりくふう)…晴れた日に，海岸付近でふく風。
▶**陸は海よりもあたたまりやすく，冷めやすい**
ため，陸上と海上の気温差で生じる気圧差によって，風がふく。
❶**海風**(うみかぜ)…**昼**にふく，**海から陸へ**向かう風。
❷**陸風**(りくかぜ)…**夜**にふく，**陸から海へ**向かう風。

2 季節風(きせつふう)…季節に特有な風。**大陸と海洋の温度差**で生じる気圧差による。

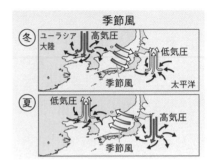
季節風

2 日本の天気

1 気団(きだん)…日本付近では，季節によって発達する気団が異なる。

2 春・秋の天気…**偏西風**(へんせいふう)の影響(えいきょう)を受け，**移動性高気圧**(いどうせいこうきあつ)と低気圧(ていきあつ)が交互(こうご)におとずれる。天気が4〜7日くらいで**周期的**に変化する。

3 つゆ(梅雨)の天気…オホーツク海気団と**小笠原**(おがさわら)**気団**(きだん)の間に**停滞前線**(ていたいぜんせん)(**梅雨前線**(ばいうぜんせん))ができ，雨やくもりの日が多くなる。

4 夏の天気…太平洋高気圧が成長して，小笠原気団におおわれる。**南高北低**(なんこうほくてい)の**気圧配置**(きあつはいち)。南東の**季節風**がふき，**高温多湿**(こうおんたしつ)で晴れの日が多い。

5 台風…**熱帯低気圧**(ねったいていきあつ)が発達し，最大風速が 17.2 m/s をこえるようになったもの。大量の雨が降り，強い風がふく。

日本付近で発達する気団

(寒冷・乾燥)シベリア気団
(寒冷・湿潤)オホーツク海気団
(高温・湿潤)小笠原気団
冬
初夏・秋
夏

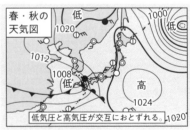
春・秋の天気図
低気圧と高気圧が交互におとずれる。

6 冬の天気…大陸上で**シベリア高気圧**，海洋上で低気圧が発達して**西高東低**(せいこうとうてい)の**気圧配置**になる。**北西**の**季節風**がふき，日本海側は**雨や雪**，太平洋側は**乾燥**(かんそう)**した晴れの日**が続く。

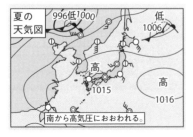
夏の天気図
南から高気圧におおわれる。

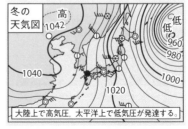
冬の天気図
大陸上で高気圧，太平洋上で低気圧が発達する。

CHECK! 冬の等圧線(とうあつせん)の特徴
等圧線が南北にのび，間隔がせまい。

入試データ 季節風のしくみ，日本の四季の天気の特徴はよく問われる。天気図にも慣れておこう。

実戦トレーニング

➡ 解答・解説は別冊25ページ

1 台風により，高潮（たかしお）が発生することがある。高潮が発生するしくみを，簡潔に書きなさい。⤶**2**

[和歌山県]

[　　　　　　　　　　　　　　　　　　　　　　　　　　　　　　　　　]

2 右の**図1**，**図2**は，つゆ，夏の時期の日本列島付近の天気図をそれぞれ表したものである。これについて，次の各問いに答えなさい。⤶**1**,**2**

[高知県]

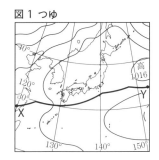

図1 つゆ

図2 夏

(1)**図1**中の前線**XY**は，勢力がほぼつり合っている2つの気団が日本列島付近でぶつかって位置が動かなくなってできた前線である。これについて，次の各問いに答えなさい。

① 図中の前線**XY**を表す天気図の記号として適切なものを，次の**ア～エ**の中から1つ選び，その記号を書きなさい。ただし，**ア～エ**の天気図の記号は，それぞれ上を北として表している。　　　　　　　　　　[　　　　　]

正答率 **12.3%**

② **図1**の前線**XY**の北側の気団と，前線**XY**の南側の気団のそれぞれの特徴（とくちょう）について述べた次の文中の　(a)　・　(b)　にあてはまるものを，あとの**ア～エ**の中から1つずつ選び，その記号を書きなさい。　(a)[　　　　] (b)[　　　　]

　　前線**XY**の北側にある気団は　(a)　。前線**XY**の南側にある気団は　(b)　。

　ア あたたかく，乾燥している　　**イ** あたたかく，しめっている

　ウ 冷たく，乾燥している　　　　**エ** 冷たく，しめっている

正答率 **10.2%**

(2)**図2**は，夏のある日の天気図である。夏の時期の日本列島付近には，太平洋からユーラシア大陸へ向かって南東の季節風がふくことが多い。これは，この時期には太平洋に高気圧，ユーラシア大陸に低気圧が発達しやすく，太平洋の高気圧からユーラシア大陸の低気圧に向かって風がふくためである。夏の時期に，ユーラシア大陸に低気圧が発達しやすいのはなぜか。その理由を，陸と海のあたたまり方のちがいを説明したうえで，「上昇気流（じょうしょうきりゅう）」という言葉を使って，書きなさい。

[　　　　　　　　　　　　　　　　　　　　　　　　　　　　　　　　　]

3 気象とその変化に関する次の各問いに答えなさい。⮌**2**

静岡県

(1) **図1**は，ある年の9月3日9時における天気図であり，図中の矢印（——▶）は，9月3日の9時から9月4日の21時までに台風の中心が移動した経路を示している。

正答率 **67.3**%

① **図1**の地点**A**を通る等圧線が表す気圧を答えなさい。　[　　　　　]

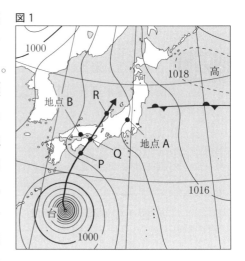

図1

正答率 **73.7**%

② **図1**の中には，前線の一部が見られる。この前線は，勢力がほぼ同じ暖気と寒気がぶつかり合ってほとんど動かない前線である。時期によっては梅雨前線や秋雨前線ともよばれる，勢力がほぼ同じ暖気と寒気がぶつかり合ってほとんど動かない前線は何とよばれるか。その名称を書きなさい。[　　　　　]

HIGH LEVEL

③ **図1**のP，Q，Rは，それぞれ9月4日の9時，12時，18時の台風の中心の位置を表している。次の**ア**～**エ**の中から，台風の中心がP，Q，Rのそれぞれの位置にあるときの，**図1**の地点**B**の風向をP，Q，Rの順に並べたものとして，適切なものを1つ選び，その記号を書きなさい。　　　　　　　[　　　　　]

　ア　北西→南西→南東

　イ　北西→北東→南東

　ウ　北東→北西→南西

　エ　北東→南東→南西

(2) **図2**は，8月と10月における，台風のおもな進路を示したものである。8月から10月にかけて発生する台風は，小笠原気団（太平洋高気圧）のふちに沿って北上し，その後，偏西風に流されて東寄りに進むことが多い。

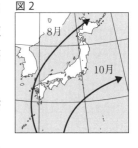

図2

正答率 **75.7**%

① 小笠原気団の性質を，温度と湿度に着目して，簡潔に書きなさい。

[　　　　　　　　　　　　　　　　　　　　　　　　　]

正答率 **35.8**%

② 10月と比べたときの，8月の台風のおもな進路が**図2**のようになる理由を，小笠原気団に着目して，簡潔に書きなさい。

[　　　　　　　　　　　　　　　　　　　　　　　　　　　　]

4 日本付近の気圧配置が夏と冬では大きく異なる理由について調べるために，次の実験①，

②，③を順に行った。これについて，あとの問いに答えなさい。↩**1, 2**　栃木県

【実験】① 図1のように，透明なふたのある容器の中

央に線香（せんこう）を立てた仕切りを入れ，その一方に砂を，

他方に水を入れた。このときの砂と水の温度を温度

計で測定すると，どちらも30℃であった。

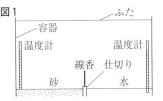

図1

② 容器全体をよく日の当たる屋外に10分置き，線香に火をつけたところ，線香のけ

むりによって空気の流れが観察できた。このときの砂の温度は41℃，水の温度は

33℃であった。このあと線香を外してから，さらに30分容器を同じ場所に置いた。

③ 容器全体を日の当たらない室内に移動してしばらくしてから，線香を立てて火を

つけたところ，線香のけむりの流れる向きが実験②と逆になった。

正答率 32.5%

(1) **図2**のような気圧配置が現れる時期の，関東の典型

的な天気の説明として適切なものを，次の**ア～エ**の

中から1つ選び，その記号を書きなさい。[　　　]

　ア　あたたかい大気と冷たい大気の境界となり，雨

　　の多い天気が続く。

　イ　乾燥した晴れの天気が続く。

　ウ　移動性高気圧によって天気が周期的に変化する。

　エ　あたたかくしめった風がふき，晴れて蒸し暑い。

図2

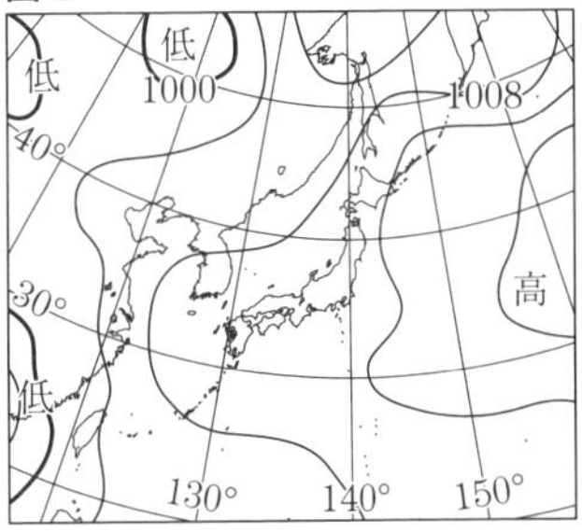

(2) 実験②で線香を外したあとの，容器内の空気の流れを示した模式図として適切なも

のはどれか。次の**ア～エ**の中から1つ選び，その記号を書きなさい。　　[　　　]

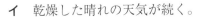

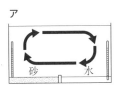　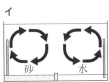　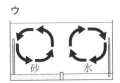　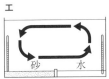

正答率 26.3%

(3) 実験②，③のような結果になったのは，砂と水のある性質のちがいによる。その

性質のちがいを「水の方が砂に比べて」という書き出しで，簡潔に書きなさい。

　[　　　　　　　　　　　　　　　　　　　　　　　　　　　　　　　　　　]

正答率 36.7%

(4) 次の文章は，冬の日本付近の気圧配置や

気象について述べたものである。(a)，(b)，

(c)にあてはまる言葉の正しい組み合わせ

を右の**ア～エ**の中から1つ選び，その記

号を書きなさい。　　　　[　　　]

	(a)	(b)	(c)
ア	高い	高気圧	低気圧
イ	高い	低気圧	高気圧
ウ	低い	高気圧	低気圧
エ	低い	低気圧	高気圧

　　冬の日本付近では，大陸の方が海洋より温度が　(a)　ので，大陸上に　(b)　が

発達し，海洋上の　(c)　に向かって強い季節風がふく。

6 大気の動きと天気の変化

1 気圧と風

1 **風**…風は気圧の高いところから低いところへふく。**等圧線の間隔がせまいところほど**気圧の差が大きいため，**風の強さは強くなる。**

> **CHECK!** 高気圧と低気圧の決め方
>
> 高気圧か低気圧かは，周囲よりも気圧が高いか低いかで決まる。

2 **高気圧と低気圧**

❶**高気圧**…周囲よりも中心の**気圧が高い**ところ。

❷**低気圧**…周囲よりも中心の**気圧が低い**ところ。

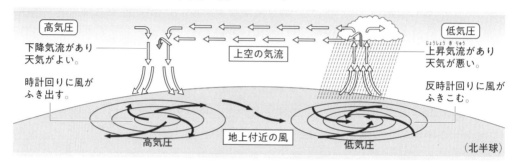

高気圧
下降気流があり天気がよい。
時計回りに風がふき出す。
上空の気流
低気圧
上昇気流があり天気が悪い。
反時計回りに風がふきこむ。
地上付近の風
高気圧　低気圧　（北半球）

2 前線と天気の変化

1 **寒冷前線**…寒気が暖気の下にもぐりこむようにして進む。

❶**前線通過時**…**強い雨**が，せまい範囲に**短時間**降る。

❷**前線通過後**…**北寄り**の風がふき，気温が**下がる。**

2 **温暖前線**…暖気が寒気の上にはい上がるようにして進む。

❶**前線通過時**…広い範囲に**長時間**，おだやかな雨が降る。

❷**前線通過後**…**南寄り**の風がふき，気温が**上がる。**

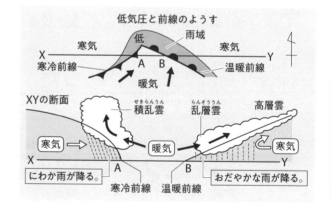

低気圧と前線のようす
低　雨域
X　寒気　　　　　　寒気　Y
寒冷前線　A　B　温暖前線
暖気
XYの断面　積乱雲　乱層雲　高層雲
寒気　暖気　寒気
X　　　A　　　B　　　Y
にわか雨が降る。　寒冷前線　温暖前線　おだやかな雨が降る。

3 地球規模での大気の動き

1 **偏西風**…中緯度帯の上空を**西から東**へ向かう大気の動き。

➡日本付近の**低気圧**や**移動性高気圧**は**西から東へ移動**することが多い。
　↳高気圧の中で，低気圧と同じように移動するもの。

➡**天気**も**西から東**へ移り変わることが多い。

2 **地球規模の大気の動き**…太陽からの**エネルギー**によって生じている。

▶太陽から受けとるエネルギーが大きい**赤道付近**と小さい**極付近**での大気の温度差によって，大気が循環している。

入試データ 高気圧・低気圧と風のふき方，前線の通過による天気の変化はよく出題される。

［実戦トレーニング］

→ 解答・解説は別冊26ページ

1 右の図は高気圧の風のようすを模式的に示したものである。次の文の[　　　]にあてはまる語句を,「密度」という言葉を使って書きなさい。↩**1**　［北海道］

[　　　　　　　　　　　　　　　　　　　　　　　　　　　]

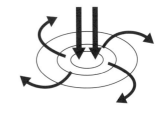

　空気は冷えることによって,体積が[　　　　　　　]ため,下降気流が生じて気圧が上がり,地表では高気圧の中心からふき出すように風がふく。

2 右の図は,ある年の2月12日午前9時の天気図である。これについて,次の問いに答えなさい。↩**1,2**　［兵庫県］

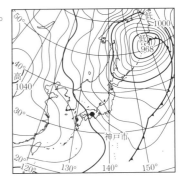

(1) 右の図における神戸市内の標高0m地点の気圧として適切なものを,次の**ア~エ**の中から1つ選び,その記号を書きなさい。　　［　　　］

　　ア 1018 hPa　　**イ** 1022 hPa
　　ウ 1026 hPa　　**エ** 1030 hPa

HIGH LEVEL (2) 右の表は,2月13日~15日の,全国の気象の特徴と,午前9時における神戸市の気象要素である。それぞれの午前9時の天気図として適切なものを,次の**ア~ウ**の中から1つずつ選び,その記号を書きなさい。

日	全国の気象の特徴	神戸市		
		風力	風向	天気
13	冬型の気圧配置緩む	4	西	○
14	九州北部~北陸　春一番	1	東南東	○
15	冬型の気圧配置強まる	2	南西	◎

13日［　　　］　14日［　　　］　15日［　　　］

139

3 日本付近では，春や秋には高気圧や低気圧が西から東に向かって交互にやってきて通り過ぎていくことが多い。これは，日本の上空にふく強い西風の影響である。そのため，春や秋の天気は一般に西の方から変化する。また，低気圧が近づくと，前線の通過に合わせて気温や湿度，気圧などが大きく変化することがある。これについて，次の各問いに答えなさい。↩2, 3　佐賀県

(1) 文中の下線部について，この風の名称を書きなさい。　　　[　　　　　]

(2) 下の図は，ある地点での4月13日0時から4月15日15時にかけての気温，湿度，気圧の変化の記録である。寒冷前線が通過していると考えられる時間として適切なものを，次のア～エの中から1つ選び，その記号を書きなさい。　　[　　　　　]

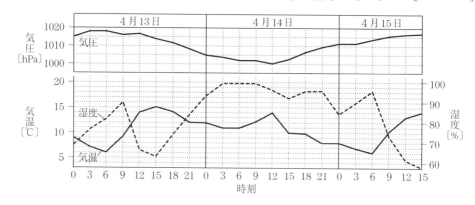

ア 4月13日9時～4月13日12時

イ 4月13日15時～4月13日18時

ウ 4月14日12時～4月14日15時

エ 4月15日6時～4月15日9時

4 ある年の10月1日，福岡市で気象を観測し，調査を行った。これについて，次の各問いに答えなさい。↩1, 2　岐阜県

【観測】6時から3時間おきに，前線の通過にともなう気象の変化を観測した。表は，その結果をまとめたものである。

【調査】インターネットを使って，天気図を調べた。次の図は，観測した日の6時の天気図である。

観測時刻	6 時	9 時	12 時	15 時	18 時
気圧〔hPa〕	1012	1010	1006	1003	1002
気温〔℃〕	19.7	21.3	28.1	27.3	26.7
風向	東南東	東南東	南南西	南南西	南西
風力	3	3	4	4	4
天気記号	●	●	◎	●	●

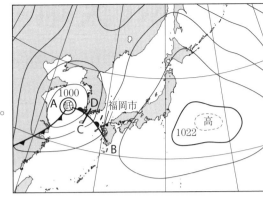

(1) 観測結果から，福岡市の12時の天気を言葉で書きなさい。[　　　　]

(2) 右の図の低気圧のように，中緯度帯で発生し，前線をともなう低気圧を何というか。言葉で書きなさい。[　　　　]

(3) 図のAからBにのびる前線を何というか。言葉で書きなさい。[　　　　]

(4) 次の□□の①〜④にあてはまる正しい組み合わせを，あとのア〜エの中から1つ選び，その記号を書きなさい。[　　　　]

　　同じ質量で比べた場合，暖気は寒気に比べて体積が①，密度が②なる。そのため，暖気は寒気の③に，寒気は暖気の④に移動する。空気のかたまりが上昇する場所では雲が発生しやすいので，前線の付近では雲が多くなる。

ア　① 大きく　　② 小さく　　③ 上　　④ 下
イ　① 大きく　　② 小さく　　③ 下　　④ 上
ウ　① 小さく　　② 大きく　　③ 上　　④ 下
エ　① 小さく　　② 大きく　　③ 下　　④ 上

(5) 図のC-Dにおける断面の模式図はどれか。次のア〜エの中から1つ選び，その記号を書きなさい。[　　　　]

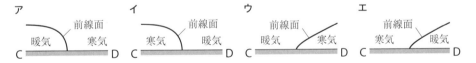

(6) 観測結果から，図のAからBにのびる前線が福岡市を通過したのは，何時から何時の間か。次のア〜エの中から適切なものを1つ選び，その記号を書きなさい。[　　　　]

ア　6時から9時の間　　　イ　9時から12時の間
ウ　12時から15時の間　　エ　15時から18時の間

(7) 図の高気圧について，地表付近での風のふき方を上から見たときの模式図として適切なものを，次のア〜エの中から1つ選び，その記号を書きなさい。なお，矢印は風のふき方を表している。[　　　　]

ア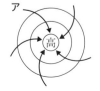　イ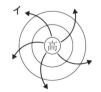　ウ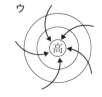　エ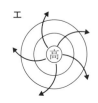

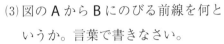

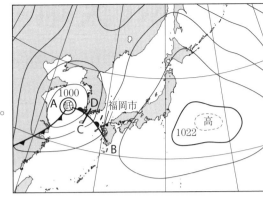 の内容に含まれる：1000，福岡市，高，1022

7 火をふく大地

1 火山とマグマ

1 マグマ…地下深くにある，高温のために岩石がどろどろにとけた物質。

2 火山噴出物

火山灰	直径2mm以下の粒。
火山弾	マグマが飛ばされて，空気中で冷え固まったもの。

火山ガス	マグマにふくまれていたガス。
溶岩	マグマが地上に流れ出たもの。（冷え固まったものもふくむ。）

3 火山の形…マグマのねばりけによって異なる。

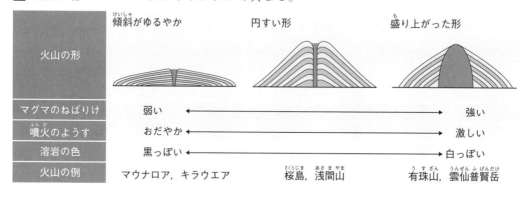

火山の形	傾斜がゆるやか	円すい形	盛り上がった形
マグマのねばりけ	弱い ←————————————————→ 強い		
噴火のようす	おだやか ←————————————————→ 激しい		
溶岩の色	黒っぽい ←————————————————→ 白っぽい		
火山の例	マウナロア，キラウエア	桜島，浅間山	有珠山，雲仙普賢岳

2 火成岩

1 火成岩…マグマが冷え固まった岩石。**火山岩**と**深成岩**に分けられる。

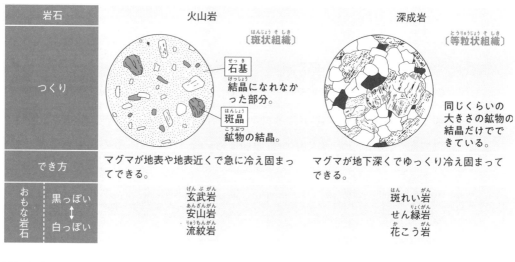

岩石	火山岩	深成岩
つくり	〔斑状組織〕 石基 結晶になれなかった部分。 斑晶 鉱物の結晶。	〔等粒状組織〕 同じくらいの大きさの鉱物の結晶だけでできている。
でき方	マグマが地表や地表近くで急に冷え固まってできる。	マグマが地下深くでゆっくり冷え固まってできる。
おもな岩石 黒っぽい↕白っぽい	玄武岩 安山岩 流紋岩	斑れい岩 せん緑岩 花こう岩

2 火成岩をつくる鉱物

❶ **無色鉱物**…白っぽい鉱物。石英，長石など。

❷ **有色鉱物**…黒っぽい鉱物。黒雲母，カクセン石，輝石，カンラン石，磁鉄鉱など。
　└磁石に引きつけられる。

CHECK! 鉱物の種類と岩石の色

無色鉱物を多くふくむ岩石は白っぽく，有色鉱物を多くふくむ岩石は黒っぽい。

入試データ マグマの性質と火山の形，火山岩・深成岩のでき方やつくりについての出題が多い。

実戦トレーニング

➡ 解答・解説は別冊27ページ

1 こういちさんは、マグマに見立てたモデルを用いて、ハワイのキラウエア火山のように傾斜がゆるやかな火山の形をつくるために、次のような実験を行った。これについて、あとの各問いに答えなさい。↻**1**

高知県

【実験】①小麦粉100 gに水60 mLを加えてかき混ぜて、マグマに見立てたモデルをつくり、袋Aに入れた。

②図1のように、中央に穴をあけた板を三脚の上に水平に置き、袋Aの口を穴の下から通してテープで固定した。

③袋Aを手でしぼって、袋の中に入っていたマグマのモデルをすべて板の上に押し出した。袋Aから押し出されたマグマのモデルは、**図2**のように盛り上がった形になったので、もっと傾斜がゆるやかになるように、小麦粉に加える水の量だけを変えて袋Bに入れ、袋Aと同様の操作を行った。押し出されたマグマのモデルは、**図3**のように、傾斜のゆるやかな形になった。

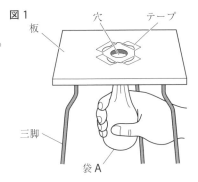

図1 板　穴　テープ　三脚　袋A

図2 袋Aから押し出されたマグマのモデル　板

図3 袋Bから押し出されたマグマのモデル　板

正答率 **65.1**%

(1) 次の文は、こういちさんが実験の結果からわかったことをまとめたものである。文中の ① ・ ② にあてはまる言葉を書きなさい。

①[　　　　　]　②[　　　　　]

　　袋Bに入れたマグマのモデルは、小麦粉の質量は変えず、加える水の量を60 mLより ① してつくったので、袋Aに入れたマグマのモデルに比べて、 ② が弱くなっていた。この袋Bから押し出されたマグマのモデルは、キラウエア火山のように傾斜がゆるやかな形になった。このことから、火山の形は、マグマの性質の1つである ② と関係があることがわかった。

(2) 傾斜がゆるやかな形の火山について述べた文として適切なものを、次の**ア〜エ**の中から1つ選び、その記号を書きなさい。　　　　　　[　　　　]

ア 噴火のようすはおだやかで、火山噴出物の色は黒っぽい。

イ 噴火のようすはおだやかで、火山噴出物の色は白っぽい。

ウ 噴火のようすは爆発的で激しく、火山噴出物の色は黒っぽい。

エ 噴火のようすは爆発的で激しく、火山噴出物の色は白っぽい。

　火山に関するあとの各問いに答えなさい。⤴**1,2**　　　　　　　　　　　　愛媛県

【観察1】火山灰 A を双眼実体顕微鏡で観察し，火山灰 A にふくまれる，粒の種類と，粒の数の割合を調べた。表は，その結果をまとめたものである。

粒の種類	結晶の粒				結晶でない粒
	長石	輝石	角セン石	石英	
粒の数の割合〔%〕	50	7	5	3	35

【観察2】火成岩 B，C をルーペで観察したところ，岩石のつくりに，異なる特徴が確認できた。図は，そのスケッチである。ただし，火成岩 B，C は，花こう岩，安山岩のいずれかである。

斑晶
石基
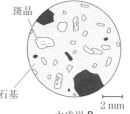
火成岩 B

火成岩 C

(1) 表で，火山灰 A にふくまれる粒の総数に占める，有色鉱物である粒の数の割合は ☐ %である。☐ にあてはまる適切な数値を書きなさい。[　　　　　　　]

(2) 次の文の①，②の｛　｝の中から，適切なものを1つずつ選び，その記号を書きなさい。　　　　　　　　　　①[　　　　] ②[　　　　]

　火成岩 B，C のうち，花こう岩は①｛ア　火成岩 B　イ　火成岩 C｝である。また，地表で見られる花こう岩は，②｛ウ　流れ出たマグマが，そのまま地表で冷えて固まったもの　エ　地下深くでマグマが冷えて固まり，その後，地表に現れたもの｝である。

(3) 次の文の①，②の｛　｝の中から，適切なものを1つずつ選び，その記号を書きなさい。　　　　　　　　　　①[　　　　] ②[　　　　]

　一般に，激しく爆発的な噴火をした火山のマグマのねばりけは①｛ア　強くイ　弱く｝，そのマグマから形成される，火山灰や岩石の色は②｛ウ　白っぽいエ　黒っぽい｝。

■**3**　授業で火山や地層について学んだ M さんは，火山 P や，火山 P 付近の地下に広がる地層や岩石について調べた。これについて，あとの問いに答えなさい。⤴**1,2**

　　　　　　　　　　　　　　　　　　　　　　　　　　　　　　　　　　　大阪府

┌─────────────────────────────────────┐
│【M さんが火山 P について調べたこと】
│・火山 P は，現在は活発に活動していないが，数百年前に噴火し大量の火山灰を噴出した。
└─────────────────────────────────────┘

・数百年前の噴火によって噴出した火山灰は，火山Pの火口付近にふいていた風の影響で，火山Pの西側に比べて東側に厚く降り積もった。

・右の図は，火山Pのふもと付近に露出していた火成岩の組織を観察し，スケッチしたものである。図中のXは大きな鉱物の結晶の1つを，Yは大きな鉱物の結晶のまわりをうめている小さな粒からなる部分をそれぞれ示している。

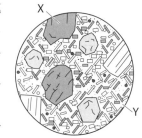

・図のような，大きな鉱物の結晶のまわりを小さな粒がうめているつくりは，火山岩に見られる特徴である。

(1) 火山Pのようにおおむね過去1万年以内に噴火したことがある火山，および現在活発に活動している火山は何とよばれる火山か，書きなさい。　[　　　　　　]

(2) 次の文中の①，②について，｛　｝の中から適切なものを1つずつ選び，その記号を書きなさい。

①[　　　]　②[　　　]

火山Pが数百年前に噴火し大量の火山灰を噴出していたとき，火山Pの火口付近には，おもに風向が①｛ア　東寄り　　イ　西寄り｝の風がふいていたと考えられる。降り積もった火山灰が長い年月をかけて固まると，②｛ウ　石灰岩

エ　凝灰岩｝とよばれる堆積岩となる。

(3) 次の文中の　(a)　，　(b)　にあてはまる適切な言葉をそれぞれ書きなさい。

(a)[　　　　　　]　(b)[　　　　　　]

一般に，図中のXのような大きな鉱物の結晶は斑晶とよばれており，大きな鉱物の結晶のまわりをうめている小さな粒からなるYのような部分は　(a)　とよばれている。図のような火山岩のつくりは　(b)　組織とよばれている。

(4) 次のア～エの中で，図中のXやYについて述べた文として適切なものはどれか。1つ選び，その記号を書きなさい。　　　　　　　　[　　　　　　]

ア　X，Yともに，マグマが地表付近に上がってくる前に，地下で同じようにゆっくりと冷やされてできた。

イ　X，Yともに，マグマが地下から地表付近に上がってきたときに，同じように急冷されてできた。

ウ　Xをふくんだマグマが地下から地表付近に上がってきたときに，マグマが急冷されてYができた。

エ　Yをふくんだマグマが地下から地表付近に上がってきたときに，マグマが急冷されてXができた。

8 ゆれる大地

1 地震

1 震源と震央

❶震源…地下で地震が発生した場所。

❷震央…震源の真上の地表の地点。

2 地震のゆれ

❶初期微動…はじめにくる小さなゆれ。P波によって起こる。

❷主要動…あとからくる大きなゆれ。S波によって起こる。

❸初期微動継続時間…P波とS波の到着時刻の差。**震源からの距離(震源距離)が大きくなるほど長くなる。**

3 震度とマグニチュード

❶震度…ある地点での地震のゆれの程度。0〜7の10階級(5, 6はさらに強・弱に分けられる)に分けられている。一般に震源に近いほど大きいが, 土地のつくりによって異なる。

❷マグニチュード(記号M)…地震の規模を表す。マグニチュードが大きいほど, 大きなゆれを感じる範囲が広い。

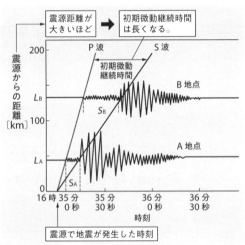

震源距離が大きいほど → 初期微動継続時間は長くなる。

CHECK! 初期微動継続時間のふえ方

震源からの距離が大きくなるときの初期微動継続時間のふえ方は, ほぼ一定である。上の図では, $L_A : L_B = S_A : S_B$

2 地震と大地の動き

1 **断層**…大きな力が加わって生じた地層のずれ。

▶**活断層**…今後もずれる可能性のある断層。

2 地震と大地の動き…地震により, 大地が隆起したり, 沈降したりすることがある。

❶隆起…大地がもち上がること。

❷沈降…大地が沈むこと。

3 地震が起こるしくみ

1 **海溝型地震が起こるしくみ**…日本付近では太平洋側の**海洋プレート**が**大陸プレート**の下に沈みこみ, ひずみが生じて地震が発生する。プレートの境界で起こる地震の震源は, 太平洋側で浅く, 日本海側で深い。

2 **プレート**…地球表面をおおう厚さ約100kmの岩盤。

入試データ 地震の波の速さや震源からの距離を求める問いが多い。地震が起こるしくみも確認しよう。

［実戦トレーニング］

➡ 解答・解説は別冊27ページ

1 ある日の15時すぎに，ある地点の地表付近で地震が発生した。表は，3つの観測地点 A～C における そのときの記録の一

観測地点	震源からの距離	P波が到着した時刻	S波が到着した時刻
A	X km	15時9分 Y 秒	15時9分58秒
B	160 km	15時10分10秒	15時10分30秒
C	240 km	15時10分20秒	15時10分50秒

部である。これについて，次の各問いに答えなさい。ただし，岩盤の性質はどこも同じで，地震のゆれが伝わる速さは，ゆれが各観測地点に到達するまで変化しないものとする。⮌**1, 3**

富山県

(1) P波によるゆれを何というか，書きなさい。　　　　　　　　　　　　　　［　　　　　　　］

(2) 地震の発生した時刻は15時何分何秒と考えられるか，求めなさい。

　　　　　　　　　　　　　　　　　　　　　　　　　　　　　　［　　　　　　　　　　　］

(3) 表の X ， Y にあてはまる値をそれぞれ求めなさい。

　　　　　　　　　　　　　　　　　　　　　X［　　　　　］　　Y［　　　　　］

(4) 次の文は地震について説明したものである。文中の①，②について，｛　｝の中から適切なものを1つずつ選び，その記号を書きなさい。

　　　　　　　　　　　　　　　　　①［　　　　　］　　②［　　　　　］

　　震源の深さが同じ場合には，マグニチュードが大きい地震の方が，震央付近の震度が①｛**ア** 大きくなる　　**イ** 小さくなる｝。また，マグニチュードが同じ地震の場合には，震源が浅い地震の方が，強いゆれが伝わる範囲が②｛**ウ** せまくなる　　**エ** 広くなる｝。

(5) 日本付近の海溝型地震が発生する直前までの，大陸プレートと海洋プレートの動く方向を表したものとして，適切なものはどれか。次の**ア**～**エ**の中から1つ選び，その記号を書きなさい。　　　　　　　　　　　　　　　　　　　　　　　　　　　　　　［　　　　　　］

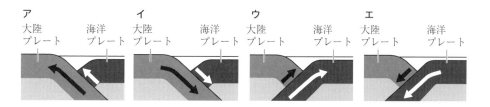

2 お急ぎ！ Kさんは，ある日，テレビで緊急地震速報（きんきゅうじしんそくほう）が流れたあとに地震のゆれを感じた。また，この日のニュースを見て，ある地域では地震の強いゆれで地面が液体のようにやわらかくなる現象が起こり，砂と水がふき出して電柱が傾（かたむ）いたり，マンホールが浮（う）き上がったりしていたことを知った。この地震について調べるため，次の実習を行った。これについて，あとの各問いに答えなさい。↱**1**

北海道

【実習】インターネットで調べたところ，地震計が設置されているA～E地点の地震計の記録には，はじめの小さなゆれXと，あとからくる大きなゆれYの2種類のゆれが記録されていた。右の図は，A地点の地震計の記録である。

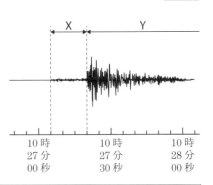

また，B～E地点の地震計の記録からXとYが始まった時刻を読みとり，それぞれの震源距離を調べた。表はその結果をまとめたものである。ただし，この地震において，P波，S波の伝わる速さは，それぞれ一定とする。

	震源距離	Xが始まった時刻	Yが始まった時刻
B地点	16 km	10時26分52秒	10時26分54秒
C地点	56 km	10時26分57秒	10時27分04秒
D地点	88 km	10時27分01秒	10時27分12秒
E地点	128km	10時27分06秒	10時27分22秒

(1) 下線部の現象を何というか。[　　　　　]

(2) 上の表について，次の各問いに答えなさい。

① この地震において，ゆれYを伝える波の速さは何km/sか。　[　　　　　]

② B～D地点のゆれXが始まった時刻とゆれXの継続（けいぞく）時間との関係をグラフにかきなさい。その際，表から得られる3つの値を，それぞれ印ではっきりと記入し，グラフの線は端（はし）から端まで引くこと。また，この地震が発生した時刻は何時何分何秒と考えられるか。　[　　　　　]

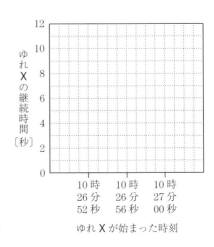

ゆれXが始まった時刻

(3) 緊急地震速報は，地震が起こると震源に近い地点の地震計の観測データを解析（かいせき）して，ゆれYのようなあとからくる大きなゆれの到達時刻をいち早く各地に知らせるものである。この地震において，震源距離が80 kmの地点でゆれXが始まってから4秒後に，各地に緊急地震速報が伝わったとすると，E地点では，緊急地震速報が伝わってから，何秒後にゆれYが始まるか。　[　　　　　]

3 大地の成り立ちと変化に関する次の各問いに答えなさい。↩**1,3** 静岡県

(1) 日本付近には，太平洋プレート，フィリピン海プレート，ユーラシアプレート，北アメリカプレートがある。次の**ア〜エ**の中から，太平洋プレートの移動方向とフィリピン海プレートの移動方向を矢印(⇨)で表したものとして適切なものを1つ選び，その記号を書きなさい。 [   ]

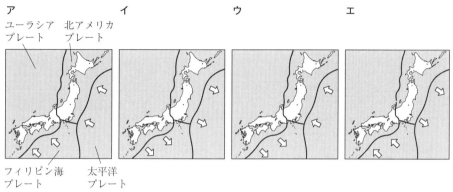

(2) 右の図は，中部地方で発生した地震において，いくつかの観測地点で，この地震が発生してからP波が観測されるまでの時間(秒)を，◯の中に示したものである。

正答率 **80.6%**

① 右の図の**ア〜エ**の×印で示された地点の中から，この地震の推定される震央として適切なものを1つ選び，その記号を書きなさい。ただし，この地震の震源の深さは，ごく浅いものとする。

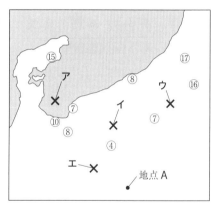

[   ]

HIGH LEVEL

② 地震発生後，震源近くの地震計によってP波が観測された。観測されたP波の解析をもとに，気象庁によって図の地点Aをふくむ地域に緊急地震速報が発表された。震源から73.5km離れた地点Aでは，この緊急地震速報が発表されてから，3秒後にP波が，12秒後にS波が観測された。S波の伝わる速さを3.5km/sとすると，P波の伝わる速さは何km/sか。小数第2位を四捨五入して，小数第1位まで書きなさい。ただし，P波とS波が伝わる速さはそれぞれ一定であるものとする。 [   ]

【生物・地学】
よく出る実験・観察ランキング

《1》 気象観測

→ 問題 P119,120

風向・風力・雲量・気圧などの気象要素を読みとったり，表したりする。乾湿計の観測と湿度表から，気温と湿度を求める。

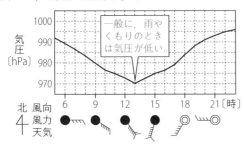

一般に，雨やくもりのときは気圧が低い。

《2》 光合成・呼吸の実験

→ 問題 P90

緑色のBTB溶液を入れた試験管にオオカナダモを入れて日光に当て，光合成や呼吸のはたらきを調べる実験。

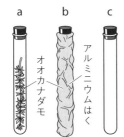

a：青色に変化
→二酸化炭素が減少した。
b：黄色に変化
→二酸化炭素が増加した。
c：変化なし

《3》 地層の観察

→ 問題 P127,128,129

がけなどの地層を観察して，過去のようすを推定する。

ポイント

サンゴの化石：堆積当時，暖かい海だった。
凝灰岩（火山灰）の層：火山の噴火があった。

れきの層
砂の層（サンゴの化石を含む）
泥の層
凝灰岩の層

《4》 月の観察

→ 問題 P131,132

月の見える位置や時刻，形を観測する。

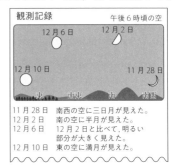

観測記録　　　午後6時頃の空
12月6日　12月2日
12月10日　11月28日
東　南東　南　南西

11月28日　南西の空に三日月が見えた。
12月2日　南の空に半月が見えた。
12月6日　12月2日と比べて，明るい部分が大きく見えた。
12月10日　東の空に満月が見えた。

《5》 火成岩のつくり

→ 問題 P144,145

火成岩のつくりをルーペで観察し，火成岩のでき方を調べる。

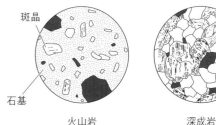

斑晶
石基
火山岩　　　深成岩

ポイント

火山岩…地表や地表近くで急に冷え固まってできる。斑状組織。
深成岩…地下の深いところでゆっくり冷え固まってできる。等粒状組織。

〔その他出題の多い実験・観察〕

・動物のなかま分け
・遺伝の法則と規則性
・植物のなかま分け

環境分野

1 自然の中の人間

☐ ① ある地域に生息する生物とそれをとり巻く環境を１つのまとまりとしてとらえたものを何
という？　[　　　　　]

☐ ② 生物どうしの食べる・食べられるという鎖のようにつながった関係を何という？
[　　　　　]

☐ ③ 植物のように，光合成によって有機物をつくり出すことができる生物を何という？
[　　　　　]

☐ ④ 一般に，肉食動物，草食動物，植物のうち，最も数量が多いのはどれ？
[　　　　　]

☐ ⑤ 消費者の中で，土の中の小動物や菌類・細菌類などの微生物のように，生物の死がいや排
出物から栄養分を得ている生物を何という？　[　　　　　]

☐ ⑥ 大気中の二酸化炭素濃度の増加などが原因とされ，地球の平均気温が上昇する現象を何と
いう？　[　　　　　]

2 科学技術と人間

☐ ① プラスチックは，軽くて，電気を通し〔**やすい**，**にくい**〕。

☐ ② 自然環境の中に存在し，水中をただよううちに波や紫外線でくだけて細かくなった微小な
プラスチックの粒子を何という？　[　　　　　]

☐ ③ 大昔の動植物の死がいなどの有機物が長い年月の間に変化してできた，石油，石炭，天然
ガスなどをまとめて何という？　[　　　　　]

☐ ④ 水力発電は，高い位置にある水のもつ何エネルギーを利用して発電を行っている？
[　　　　　]

☐ ⑤ 太陽光など，一度利用しても再び利用することができるエネルギーを何という？
[　　　　　]

☐ ⑥ 環境の保全と開発のバランスをとり，将来の世代に対しても継続的に環境を利用する余地
を残すことができるようになった社会を何という？　[　　　　　]

弱点チェックシート

正解した問題の数だけ塗りつぶそう。
正解の少ない項目があなたの弱点部分だ。

弱点項目から取り組む人
は、このページへGO！

1 自然の中の人間	1	2	3	4	5	6	➞ 153 ページ
2 科学技術と人間	1	2	3	4	5	6	➞ 156 ページ

1 自然の中の人間

1 自然界のつり合い

1 生態系…ある地域に生息する**生物**とそれをとり巻く**環境**を1つのまとまりとしてとらえたもの。
　　　　　　　　　　　　　　　　↳水や空気, 土など

2 食物連鎖…生物どうしの**食べる・食べられる**という鎖のようにつながった関係。

▶食物連鎖は, **光合成を行う植物**から始まる。

植物	→	草食動物	→	肉食動物
例 イネ		例 バッタ		例 カエル

3 食物網…実際の生態系では, 食物連鎖による生物どうしの関係は**網の目のようにから**み合っている。これを**食物網**という。

4 生産者と消費者…**生産者**も**消費者**も**呼吸**によって, 酸素を使って有機物を二酸化炭素と水などの無機物に分解し, **生きるために必要なエネルギー**をとり出している。

❶**生産者**…植物のように, **光合成によって有機物をつくり出す**ことができる生物。

❷**消費者**…ほかの生物から有機物を得ている生物。

5 生物の数量的関係…一般に, **生産者である植物の数量が最も多く**, 消費者である草食動物, 小形の肉食動物, 大形の肉食動物の順に数量が少なくなり, **ピラミッド形**になる。

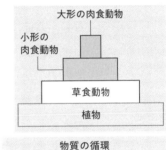

6 分解者…消費者の中で, 土の中の小動物や**菌類・細菌類**などの**微生物**のように, 生物の死がいや排出物から栄養分を得ている生物。

7 物質の循環…自然界では食物連鎖や光合成, 呼吸によって**酸素や炭素が循環**している。

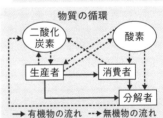

物質の循環

2 環境の保全

1 地球温暖化…地球の**平均気温が上昇**する現象。おもな原因として, **温室効果がある二酸化炭素濃度の増加**などが考えられている。
　　　　　　　　　　↳化石燃料の大量消費, 世界規模の森林の減少などが原因。

❶**温室効果**…宇宙に放射される**熱を吸収して地表にもどすはたらき**。

❷**温室効果ガス**…二酸化炭素やメタン, 水蒸気など。

2 外来生物…本来は分布していなかった地域に, **人間の活動によってほかの地域から導**入されて定着するようになった生物。**例** オオクチバス, アライグマなど

1 外来生物について述べた次の文中の□□□に入れるのに適している言葉を書きなさい。
↩**2**

大阪府

［　　　　　　　　　　］

　外来生物とは，もともとその地域に生息していなかったが，□□□の活動によって，ほかの地域から移ってきて，野生化し，定着した生物のことである。

2 自然と人間に関する次の各問いに答えなさい。↩**1**

静岡県

(1) 右の図のように，森林の土が入ったビーカーに水を入れて，よくかき混ぜてから放置し，上ずみ液を試験管A，Bに移した。試験管B内の液だけを沸騰させたのちに，それぞれの試験管に，こまごめピペットでデンプン溶液を加えて，ふたをして数日間放置した。その後，それぞれの試験管にヨウ素液を加えて色の変化を調べたところ，試験管内の液の色は，一方は青紫色に変化し，もう一方は青紫色に変化しなかった。

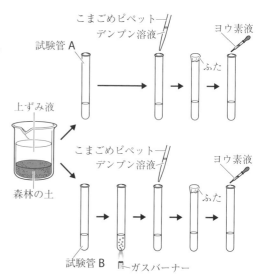

　ヨウ素液を加えたとき，試験管内の液の色が青紫色に変化しなかったのは，A，Bどちらの試験管か。記号を書きなさい。また，そのように考えられる理由を，微生物のはたらきに着目して，簡潔に書きなさい。

記号［　　　　　］

理由［　　　　　　　　　　　　　　　　　　　　　　　　　　　　　　　　　　　　］

正答率 **22.6%**

(2) 植物などの生産者が地球上からすべていなくなると，水や酸素があっても，地球上のほとんどすべての動物は生きていくことができない。植物などの生産者が地球上からすべていなくなると，水や酸素があっても，地球上のほとんどすべての動物が生きていくことができない理由を，植物などの生産者の果たす役割に関連づけて，簡潔に書きなさい。

［　　　　　　　　　　　　　　　　　　　　　　　　　　　　　　　　　　　　　　］

3 図1は，生態系における炭素の循環を模式的に表したものであり，A～Cは，それぞれ草食動物，肉食動物，菌類・細菌類のいずれかである。これについて，次の各問いに答えなさい。⮌1

愛媛県

(1) 草食動物や肉食動物は，生態系におけるはたらきから，生産者や分解者に対して，◻︎◻︎◻︎者とよばれる。

◻︎◻︎◻︎にあてはまる適切な言葉を書きなさい。

[　　　　　　　]

(2) 次の文の①，②の⎰　⎱の中から，適切なものを1つずつ選び，**ア～エ**の記号で書きなさい。

①[　　　　　]

②[　　　　　]

図1

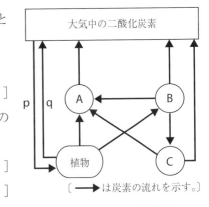

〔——▶ は炭素の流れを示す。〕

植物は，光合成によって①⎰**ア**　有機物を無機物に分解する　　**イ**　無機物から有機物をつくる⎱。また，**図1**のp，qの矢印のうち，光合成による炭素の流れを示すのは，②⎰**ウ**　pの矢印　　**エ**　qの矢印⎱である。

(3) 菌類・細菌類は，**図1**のA～Cのどれにあたるか。その記号を書きなさい。また，カビは，菌類と細菌類のうち，どちらにふくまれるか。

記号[　　　　　]

カビ[　　　　　]

(4) **図2**は，ある生態系で，植物，草食動物，肉食動物の数量的な関係のつり合いがとれた状態を，模式的に表したものであり，K，Lは，それぞれ植物，肉食動物のいずれかである。K，Lのうち，肉食動物はどちらか，K，Lの記号で書きなさい。また，**図2**の状態から，何らかの原因で草食動物の数量が急激に減ったとすると，これに引き続いてKとLの数量はそれぞれ一時的にどう変化するか。次の**ア～エ**の中から適切なものを1つ選び，その記号を書きなさい。

図2

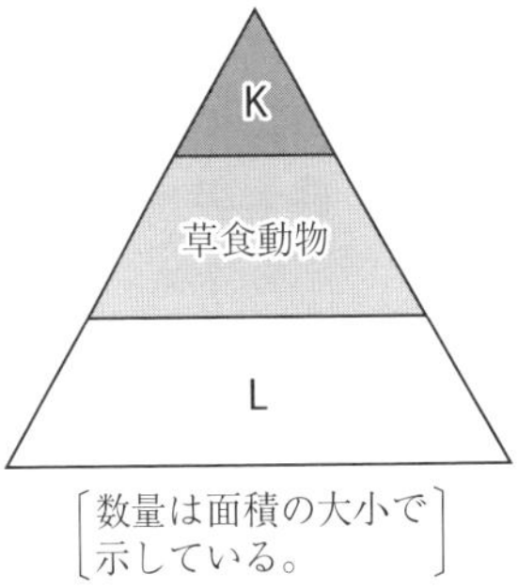

K

草食動物

L

〔数量は面積の大小で
示している。〕

肉食動物[　　　　]　　数量の変化[　　　　　]

ア　Kの数量とLの数量はどちらも減る。

イ　Kの数量は減り，Lの数量はふえる。

ウ　Kの数量はふえ，Lの数量は減る。

エ　Kの数量とLの数量はどちらもふえる。

2 科学技術と人間

1 プラスチック

1 プラスチック…**合成樹脂**ともよばれ，**石油などを原料に人工的に合成された物質。**

> **例** ポリエチレン，ポリエチレンテレフタラート，ポリ塩化ビニルなど

> ▶**プラスチックの性質**…軽い，さびない，電気を通しにくい，加工しやすい，薬品による変化が少ないなど。

2 マイクロプラスチック…自然環境の中に存在し，水中をただよううちに波や紫外線でくだかれて細かくなった**微小なプラスチックの粒子。**
> └ 魚が食べるとからだの中にたまる。

2 エネルギー資源

1 化石燃料…**石油や石炭，天然ガス**など。大昔の動植物の死がいなどの有機物が長い年月の間に変化したもの。

2 いろいろな発電方法

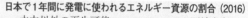

❶**火力発電**…**化石燃料**を燃焼させて発電する。

❷**水力発電**…高い位置にある**水の位置エネルギー**を利用して発電する。

❸**原子力発電**…核燃料内の**核分裂反応**による熱を利用して発電する。

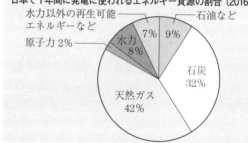

日本で1年間に発電に使われるエネルギー資源の割合 (2016)

水力以外の再生可能エネルギーなど 7%
石油など 9%
原子力 2%
水力 8%
石炭 32%
天然ガス 42%

3 放射線…X線，α線，β線，γ線，中性子線など。
> └ 被爆した放射線量の人体に対する影響は，シーベルトという単位で表される。

4 再生可能(な)エネルギー…資源が枯渇せず，くり返し利用することができるエネルギー。

❶**太陽光発電**…光電池(太陽電池)を用いて，**光エネルギーを直接電気エネルギーに**変換する。

❷**風力発電**…風による**空気の運動エネルギー**で風車(ブレード)を回して発電する。

❸**地熱発電**…地下の**マグマの熱**で高温になった水から水蒸気をとり出し，発電する。

❹**バイオマス発電**…木片や落ち葉，家畜のふん尿などの**生物資源(バイオマス)**を利用して発電する。

3 持続可能な社会をつくるために

1 持続可能な社会…環境の保全と開発のバランスをとり，将来の世代に対しても継続的に環境を利用する余地を残すことができるようになった社会。

2 SDGs(持続可能な開発目標)…健康，経済，環境などにおいて，2030年までに世界で達成しようと2015年に国連で決めた17の目標。

入試データ プラスチックの見分け方や発電に関する出題が見られる。

実戦トレーニング

➡ 解答・解説は別冊29ページ

1

正答率 **80.2%**

家庭で利用する電気エネルギーの多くは，電磁誘導を利用して，水力発電所や火力発電所などの発電所でつくられている。次の文が，水力発電所で電気エネルギーがつくられるまでのエネルギーの移り変わりについて適切に述べたものとなるように，文中の ① ， ② にあてはまる言葉を，あとの**ア～エ**の中から1つずつ選び，その記号を書きなさい。↩**2**　[静岡県]

①[　　　]　②[　　　]

　ダムにためた水がもつ ① は，水路を通って発電機まで水が流れている間に ② となり，電磁誘導を利用した発電機で ② は電気エネルギーに変換される。

ア 熱エネルギー　　　**イ** 位置エネルギー

ウ 化学エネルギー　　**エ** 運動エネルギー

2

お急ぎ！

右の図は火力発電のしくみを模式的に表したものである。火力発電所では，ボイラーで水を沸騰させて，発電を行っている。あとの**ア～カ**の中で，火力発電について述べた次の文中の ① ～ ③ に入れるのに適切な言葉の組み合わせはどれか。1つ選び，その記号を書きなさい。↩**2**　[大阪府]

[　　　]

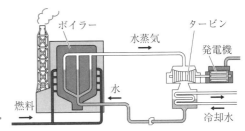

　火力発電では，ボイラーにおいて，燃料のもつ ① エネルギーを ② エネルギーに変換し，水の状態を液体から気体に変化させる。気体になった水はタービンを回す仕事をする。回転するタービンの ③ エネルギーは発電機で電気エネルギーに変換される。

ア ① 運動　② 化学　③ 熱　　**イ** ① 運動　② 熱　③ 化学

ウ ① 化学　② 運動　③ 熱　　**エ** ① 化学　② 熱　③ 運動

オ ① 熱　② 運動　③ 化学　　**カ** ① 熱　② 化学　③ 運動

3

正答率 **85.2%**

放射線について，正しいことを述べている文はどれか。次の**ア～エ**の中から1つ選び，その記号を書きなさい。↩**2**　[栃木県]

[　　　]

ア 直接，目で見える。　　　**イ** ウランなどの種類がある。

ウ 自然界には存在しない。　**エ** 物質を通りぬけるものがある。

4 物質の密度について調べるため，次の実験を行った。これについて，あとの各問いに答えなさい。⟲1

北海道

【実験】図1のような3種類のプラスチックからできているペットボトルを用意した。

① ペットボトルから，3種類のプラスチックの小片を切りとり，S，T，Uとした。

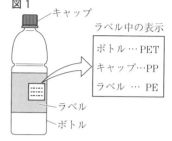

図1

② 図2のように，3つのビーカーを用意し，水，エタノール(E)，水とエタノールの質量の比が3：2になるように混合した液体(Z)を，それぞれ入れた。

③ 水が入ったビーカーに，S~Uを入れたところ，TとUは浮き，Sは沈んだ。

④ エタノール(E)が入ったビーカーに，S~Uを入れたところ，すべて沈んだ。

図2

水　　　エタノール(E)　　　液体(Z)
（水とエタノールの質量の比が3：2になるように混合）

⑤ 液体(Z)が入ったビーカーに，S~Uを入れたところ，Uは浮き，SとTは沈んだ。

正答率 18.7% (a)

正答率 17.6% (b)(c)

(1) 次の文の　(a)　にあてはまる言葉を書きなさい。また，(b)，(c)の⎰　⎱にあてはまるものを，ア~ウの中から1つずつ選び，その記号を書きなさい。

(a)[　　　　　]　(b)[　　　]　(c)[　　　]

　プラスチックは，石油をおもな原料として人工的につくられ，合成　(a)　ともよばれている。プラスチックには，PETやPEなど，さまざまな種類があり，ペットボトルのボトルは，(b)⎰ア　ポリエチレン　　イ　ポリエチレンテレフタラート　　ウ　ポリプロピレン⎱からできている。実験の結果から，ペットボトルのボトルから切りとったプラスチックの小片は，(c)⎰ア　S　　イ　T　　ウ　U⎱であることがわかる。

HIGH LEVEL (2) 下線部を，水 50.0 cm³ にエタノールを加えてつくるとき，加えるエタノールの体積〔cm³〕は，どのような式で表すことができるか。水の密度を 1.0 g/cm³，エタノールの密度を e g/cm³ とし，e を用いて書きなさい。　　　　[　　　　　]

HIGH LEVEL (3) プラスチックの小片S~U，エタノール(E)，液体(Z)のうち，水よりも密度が小さいものをすべて選び，密度の大きい順に並べて記号を書きなさい。

[　　　　　]

模擬試験

模擬試験実際の試験を受けているつもりで取り組んでください。
制限時間は第1回, 第2回とも45分です。

制限時間がきたらすぐにやめ,
筆記用具を置いてください。

1 図1のような直方体があり，その質量は890gであった。図2のように，この直方体のBの面を下にして，ばねにつるし，水中に完全に沈めた。下の表は，図2のばねに空気中でおもりをつるしたときのおもりの質量とばねの長さの関係を表している。これについて，次の問いに答えなさい。ただし，質量100gの物体にはたらく重力の大きさを1Nとする。

図1

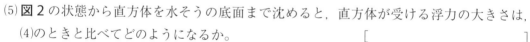

[各4点 合計20点]

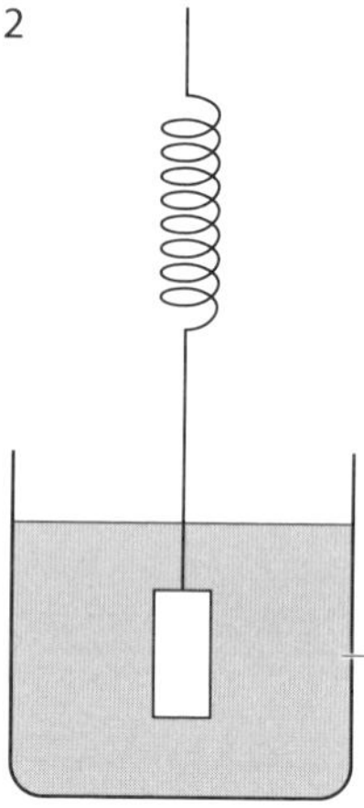

表

おもりの質量〔g〕	0	50	100	150	200
ばねの長さ〔cm〕	12.0	12.5	13.0	13.5	14.0

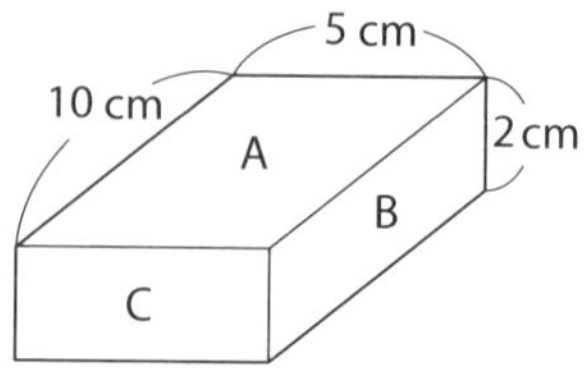

(1)Aの面を下にして床に置いたとき，床が直方体から受ける圧力の大きさは何Paか。 [　　　　　]

(2)Cの面を下にしたときに床から受ける圧力は，Aの面を下にしたときの何倍か。 [　　　　　]

(3)この直方体の密度は何g/cm³か。 [　　　　　]

(4)図2のとき，ばねののびは7.9cmであった。直方体が受ける浮力は何Nか。 [　　　　　]

(5)図2の状態から直方体を水そうの底面まで沈めると，直方体が受ける浮力の大きさは，(4)のときと比べてどのようになるか。 [　　　　　　　　]

図2

水

2 右の図のように，6.40gの酸化銅の粉末と0.12gの炭素の粉末を混ぜて加熱し，十分に反応させたときの変化を調べた。次に，炭素の質量を変えて同じ操作をくり返したときに，試験管Aの中に残った固体の質量を調べると，次の表のようになった。これについて，あとの問いに答えなさい。

[各4点 合計24点]

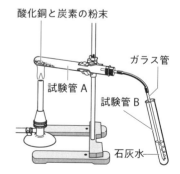

酸化銅と炭素の粉末

ガラス管

試験管A

試験管B

石灰水

酸化銅の粉末の質量〔g〕	6.40	6.40	6.40	6.40	6.40
炭素の粉末の質量〔g〕	0.12	0.24	0.36	0.48	0.60
試験管 A の中に残った固体の質量〔g〕	6.08	5.76	5.44	5.12	5.24

(1) 加熱後，しばらくすると，発生した気体によって試験管 B の石灰水が白くにごった。このとき発生した気体の化学式を書きなさい。　　　　　[　　　　　　　]

(2) この化学変化を表すモデルとして最も適切なものを，次のア～エの中から1つ選び，その記号を書きなさい。ただし，●は銅原子，◎は炭素原子，○は酸素原子を表している。

[　　　　　]

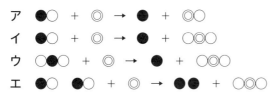

ア　●○ ＋ ◎ → ● ＋ ◎○

イ　●○ ＋ ◎ → ● ＋ ○◎○

ウ　○●○ ＋ ◎ → ● ＋ ○◎○

エ　●○●○ ＋ ◎ → ●● ＋ ○◎○

(3) 次の文の ① ， ② にあてはまる言葉を書きなさい。

① [　　　　　　　　　　　　　　]

② [　　　　　　　]

　　この実験では，赤色の銅をとり出すことができた。銅をとり出すことができたのは，炭素が銅よりも ① ためであり，酸化銅が受けた化学変化を ② という。

(4) 6.40 g の酸化銅がすべて銅に変わったとき，発生する気体は何 g か。　[　　　　　　]

(5) 6.40 g の酸化銅と過不足なく反応する炭素の質量は何 g か。　[　　　　　　]

3 右の図は，雲のでき方を模式的に表したものである。雲は，あたためられた空気のかたまりが上昇して温度が下がり，空気中の水蒸気が水滴に変わってできる。これについて，次の各問いに答えなさい。　　[各3点　合計12点]

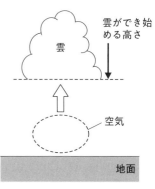

(1) 次の文の ① ， ② にあてはまる言葉を書きなさい。

① [　　　　　　　]

② [　　　　　　　]

　　上空では，まわりの気圧が ① ため，空気が ② して，空気のかたまりの温度が下がる。空気のかたまりの温度が露点以下に下がると，空気中の水蒸気が水滴に変わって雲ができる。

(2) 次の表は，気温と飽和水蒸気量の関係を表したものである。これについて，あとの各問いに答えなさい。

気温〔℃〕	4	6	8	10	12	14	16	18	20
飽和水蒸気量〔g/m³〕	6.4	7.3	8.3	9.4	10.7	12.1	13.6	15.4	17.3

① 気温 20 ℃の地表にある空気のかたまりが上昇し，地表からの高さが 1000 m の地点で雲ができ始めた。この空気のかたまりの露点は何℃か。ただし，100 m 上昇するごとに空気の温度は 1 ℃下がるものとする。　　　　　　　　　　[　　　　　　　　]

② ①の空気のかたまりが地表にあったときの湿度は何%と考えられるか。答えは，小数第 2 位を四捨五入して小数第 1 位まで求めなさい。　　　　　　[　　　　　　　　]

4 丸い種子をつくる純系のエンドウの花粉を，しわのある種子をつくる純系のエンドウのめしべに受粉させると，右の図のように，できた種子はすべて丸くなった。さらに子の種子をまいて育て，自家受粉させて孫の種子を得た。これについて，次の各問いに答えなさい。ただし，種子を丸くする遺伝子を A，種子をしわにする遺伝子を a とする。

［各4点　合計28点］

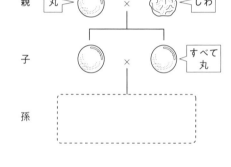

(1) 種子の形の「丸」と「しわ」のように，同時に現れない形質を何というか。

[　　　　　　　　]

(2) 次の①，②の遺伝子の組み合わせを，あとの**ア〜オ**の中から 1 つずつ選び，その記号を書きなさい。

① 下線部の親の卵細胞　[　　　]　　② 子の体細胞　[　　　]

ア A　**イ** a　**ウ** AA　**エ** Aa　**オ** aa

(3) 孫の代では，丸い種子としわのある種子の両方が生じた。生じた種子のうち，しわのある種子の割合は生じた種子全体の何%になるか。　　　　　　[　　　　　　　　]

(4) 次の文は，孫の代の丸い種子の遺伝子の組み合わせを調べる実験を説明したものである。　① はあとの**ア・イ**から，　② ，　③ は**ウ〜オ**の中から 1 つずつ選び，その記号を書きなさい。　　　　　　　　　①[　　　]　②[　　　]　③[　　　]

孫の代の丸い種子に別の ① 種子をかけ合わせたとき，　② 場合の孫の遺伝子の組み合わせは AA，　③ 場合の孫の遺伝子の組み合わせは Aa とわかる。

ア 丸い　　**イ** しわのある

ウ すべて丸い種子になった

エ すべてしわのある種子になった

オ 丸い種子：しわのある種子＝ 1：1 の割合で生じた

162

5 ある地震のゆれのようすとそのゆれの伝わり方を調べた。右の図は、地点Pでの地震計のゆれの記録である。また、表は地点A〜Cにおける、震源からの距離とゆれXとゆれYが始まった時刻をまとめたものである。これについて、あとの各問いに答えなさい。

[各4点 合計16点]

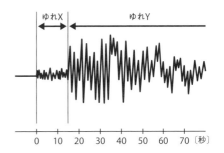

地点	震源からの距離	ゆれXが始まった時刻	ゆれYが始まった時刻
A	18 km	12時10分13秒	12時10分15秒
B	36 km	12時10分16秒	12時10分20秒
C	①	12時10分31秒	②

(1) 次の文は、地震について説明したものである。次の**ア〜オ**の中から適切なものを2つ選び、その記号を書きなさい。　　　　　　　　　[　　　　　　　]

ア 地震が発生すると、まずP波が観測され、その後S波が観測される。

イ ゆれXが始まってからゆれYが始まるまでの時間が長いほど、震源からの距離が長い。

ウ ある地点での地震のゆれの大きさは震度で表される。震度は、0〜7の8階級に分けられている。

エ 地震そのものの規模はマグニチュードで表され、マグニチュードが1ふえると、地震のエネルギーは約10倍になる。

オ くり返してずれ動いたあとが残っている活断層は、今後もずれ動いて海溝型地震を起こす可能性がある。

(2) 表の ① にあてはまる距離を書きなさい。また、 ② にあてはまる時刻を書きなさい。ただし、P波とS波は一定の速さで伝わるものとする。

① [　　　　　　　]

② [　　　　　　　]

(3) 緊急地震速報は、地震が発生したときに、震源に近いところにある地震計で感知したP波の情報をもとにして、各地のS波の到着時刻や震度を予想して知らせる。この地震では、地震発生から12秒後に緊急地震速報が発表された。震源からの距離が90kmの地点では、緊急地震速報が発表されてから何秒後にゆれYが始まったか。　　　　　　　[　　　　　　　]

1 図1は，硝酸カリウムと塩化ナトリウムがそれぞれ100gの水にとけるときの，水の温度と物質の質量の関係を表したものである。物質が水にとけるときのようすについて，次の各問いに答えなさい。 ［各4点　合計20点］

(1) 砂糖を水に入れ，完全にとかした。このときの砂糖の粒子のようすを**図3**にかきなさい。

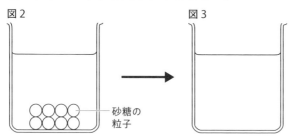

図2　→　図3

砂糖の粒子

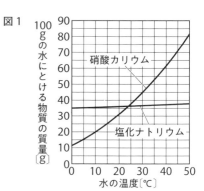

図1　100gの水にとける物質の質量〔g〕

硝酸カリウム

塩化ナトリウム

水の温度〔℃〕

(2) 硝酸カリウムを10℃の水100gにとけるだけとかした。このときの硝酸カリウム水溶液の質量パーセント濃度は何％か。**図1**を参照し，小数第1位を四捨五入して整数で答えなさい。　［　　　　　　　　］

(3) 40℃の水100gが入っているビーカーA，Bを用意した。Aには硝酸カリウム30g，Bには塩化ナトリウム30gを加えてかき混ぜたところ，A，Bともに全部とけた。

　① A，Bのビーカーの水の温度をゆっくり下げていくと，Aはある温度で結晶が出始めた。そのときの水溶液の温度として最も適切なものを，次の**ア～オ**の中から1つ選び，その記号を書きなさい。　［　　　　　　　　］
　　ア 10℃　　**イ** 15℃　　**ウ** 18℃　　**エ** 23℃　　**オ** 30℃

　② ビーカーBの水溶液は0℃まで下げても結晶が出てこなかった。その理由を「0℃の水100g」という言葉を用いて書きなさい。
　　［　　　　　　　　　　　　　　　　　　　　　　　　　　　　　　　　　　　　　　　］

　③ ビーカーBの水溶液から，結晶をとり出すには，どのようにするとよいか。簡潔に書きなさい。
　　［　　　　　　　　　　　　　　　　　　　　　　　　　　　　　　　　　　　　　　　］

2 蒸散のはたらきを調べるため，次のような実験を行った。これについて，あとの問いに答えなさい。 ［各3点　合計15点］

【実験】　① 葉の大きさや枚数がほぼ同じ枝を用意して，右の図のような処理をして，水面に油をたらした。

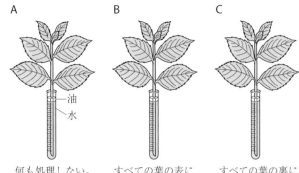

② 明るく風通しのよいところに3時間置き，水の減少量を調べた。表はその結果をまとめたものである。

何も処理しない。／すべての葉の表にワセリンをぬる。／すべての葉の裏にワセリンをぬる。

(1) 根から吸収された水は，茎の何とよばれる管を通って葉まで運ばれるか。
　　　　　　[　　　　　　　　　]

試験管	A	B	C
水の減少量〔g〕	1.24	0.94	0.39

(2) 蒸散では，水は水蒸気となって葉の何とよばれる部分から出ていくか。[　　　　　　　　]

(3) 下線部の操作を行う理由を簡潔に書きなさい。
　　[　　　　　　　　　　　　　　　　　　　　　　　　　　　　　　]

(4) 次の①，②の部分からの蒸散量をそれぞれ答えなさい。
　　　　　　　　　① 葉の裏側 [　　　　　　]　② 葉以外の部分 [　　　　　]

3 図1は太陽の通り道付近にある12の星座，地球，金星の位置を模式的に表したものである。これについて，次の各問いに答えなさい。
[各3点　合計27点]

(1) 地球から見ると，太陽はこれらの星座の間を動いているように見える。この太陽の通り道を何というか。漢字2字で答えなさい。
　　　　　　　　　[　　　　　　　　]

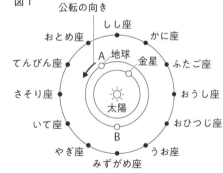

図1

(2) 地球がAの位置にあるときに，夕方真東の空に見える星座は何か。図1の中から1つ選び，その星座名を書きなさい。　[　　　　　　　]

(3) 地球がAの位置にあるときから3か月後に，日本で真夜中の南の空に見えるのは何座だと考えられるか。次のア～エの中から1つ選び，その記号を書きなさい。　　　　　　　　　　　[　　　　]
　　ア　いて座　　イ　うお座　　ウ　おとめ座　　エ　ふたご座

(4) 地球がBの位置にあるとき，金星は図1の位置にあった。地球から金星が見える時刻と方角を，次のア～エの中から1つ選び，その記号を書きなさい。　　　　[　　　　]
　　ア　明け方，東の空　　イ　明け方，西の空
　　ウ　夕方，東の空　　　エ　夕方，西の空

(5) 金星は真夜中に見ることはできない。その理由を簡潔に書きなさい。
　　[　　　　　　　　　　　　　　　　　　　　　　　　　　　　　　]

(6) 金星の形を長期間望遠鏡で観測して、**図2**のように表した。

① **図2**の**ア〜エ**の形の金星で、最も大きく見えるのはどの金星か。1つ選び、記号を書きなさい。　[　　　　　]

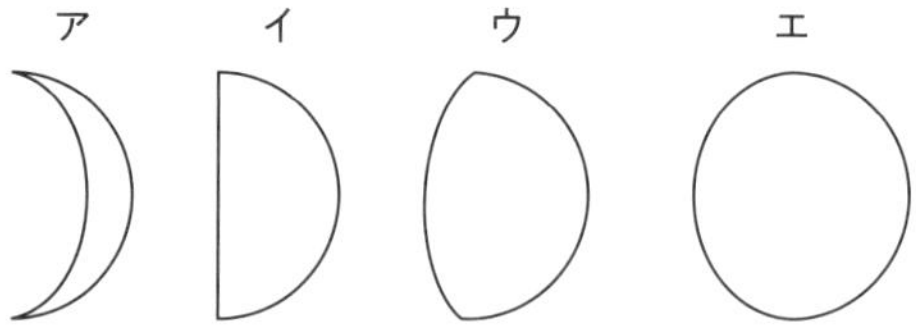

② **図2**の**ア〜エ**の形の金星で、地球から最も離れた位置にある金星はどれか。1つ選び、記号を書きなさい。[　　　　　]

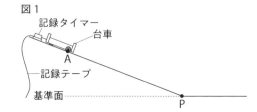

図2　ア　イ　ウ　エ

(7) 金星は地球型惑星の1つである。金星以外の地球型惑星をすべて答えなさい。また、地球型惑星は、木星型惑星に比べ、大きさ、密度はどのようであるか簡潔に説明しなさい。

地球型惑星 [　　　　　　　　　　　　　　　　　　　　　　]

　　　木星型惑星に比べ、[　　　　　　　　　　　　　　　　　　　　　　]

---

4 1秒間に60打点する記録タイマーを使って、**図1**のような実験を行った。**図2**は、このときに記録されたテープを6打点ごとに切って、左から順にグラフ用紙にはりつけたものである。これについて、次の各問いに答えなさい。ただし、台車にはたらく摩擦力や空気抵抗は無視できるものとする。

[各4点　合計20点]

(1) 動き始めてから④のテープを打点し終わるまでの台車の平均の速さは何cm/sか。
[　　　　　　]

(2) **図2**のテープ番号⑤の長さ**X**は何cmになるか。
[　　　　　　]

(3) **図2**のテープ番号②〜④を記録している間、台車にはたらく斜面に平行な力の大きさはどうなるか。次の**ア〜ウ**の中から適切なものを1つ選び、その記号を書きなさい。
[　　　　　　]

ア　しだいに大きくなる。

イ　しだいに小さくなる。

ウ　一定で変わらない。

(4) **図2**のテープ番号⑥〜⑧を記録したときの台車の運動を何というか、書きなさい。
[　　　　　　]

(5) **図3**のように、400gの台車を**P**点から**A**点まで斜面に沿って80cm引き上げた。**A**点は基準面から15cmの高さにある。このとき、手が台車を引く力の大きさは何Nか。ただし、質量100gの物体にはたらく重力を1Nとする。
[　　　　　　]

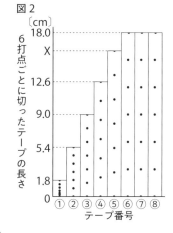

図1

図2

図3

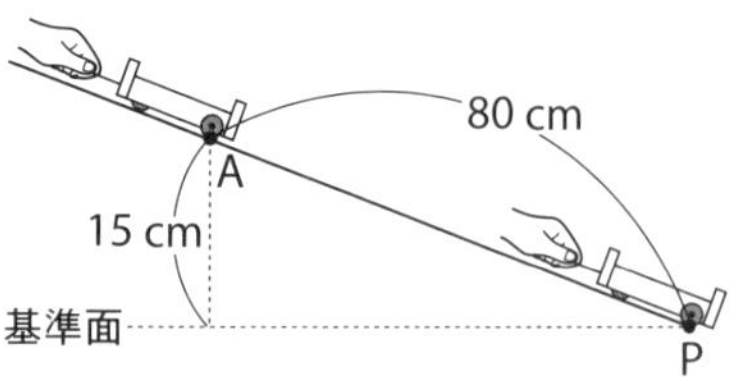

5 金属のイオンへのなりやすさと電池のしくみを調べるため，次の実験を行った。これについて，あとの各問いに答えなさい。

[各3点　合計18点]

【実験1】　図1のように，マイクロプレートの縦の列にマグネシウム板，亜鉛板，銅板，金属X板，横の列に硫酸マグネシウム水溶液，硫酸亜鉛水溶液，硫酸銅水溶液を入れたときに金属板の表面に固体が付着するかどうか調べた。下の表は，その結果をまとめたものである。ただし，金属Xはマグネシウム，亜鉛，銅とは別の金属である。

【実験2】　図2のように，硫酸亜鉛水溶液に亜鉛板，硫酸銅水溶液に銅板を入れてダニエル電池をつくり，モーターとつなぐと，プロペラが回転した。

図1
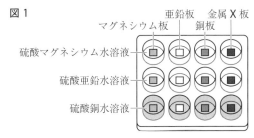

図2
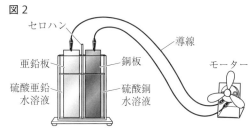

	マグネシウム板	亜鉛板	銅板	金属X板
硫酸マグネシウム水溶液	×	×	×	×
硫酸亜鉛水溶液	○	×	×	×
硫酸銅水溶液	○	○	×	○

固体が付着した場合は○，固体が付着しなかった場合は×。

(1) 実験1で，硫酸亜鉛水溶液にマグネシウム板を入れたとき，マグネシウムに起きた化学変化を化学反応式で表しなさい。ただし，電子はe⁻を使って表すものとする。

[　　　　　　　　　　　　　　　]

(2) 実験1から，マグネシウム，亜鉛，銅，金属Xをイオンになりやすい順に左から並べるとどうなるか。　　　　　　　　[　　　　　　　　　　　]

(3) 実験2で，銅板は＋極，－極のどちらか。　　　　　[　　　　　　　]

(4) 実験2で，電流を流し続けたとき，水溶液中にふくまれるZn^{2+}とCu^{2+}の数はどのようになるか。次の**ア**〜**エ**の中から1つ選び，その記号を書きなさい。　　　[　　　]

　ア　Zn^{2+}の数もCu^{2+}の数も増加する。

　イ　Zn^{2+}の数は増加するが，Cu^{2+}の数は減少する。

　ウ　Zn^{2+}の数は減少するが，Cu^{2+}の数は増加する。

　エ　Zn^{2+}の数もCu^{2+}の数も減少する。

(5) 実験2で，仕切りとしてセロハンを用いるのは，セロハンにどのような特徴があるからか。「穴」「イオン」という言葉を使って，簡潔に説明しなさい。

[　　　　　　　　　　　　　　　　　　　　　　　　　　]

(6) 実験2で，銅板と硫酸銅水溶液をマグネシウム板と硫酸マグネシウム水溶液に変えると，プロペラの回る向きはどうなるか。　　　　　[　　　　　　　]

中学 3 年分の一問一答が無料で解けるアプリ

 以下の URL または二次元コードからアクセス
してください。
https://gakken-ep.jp/extra/smartphone-mondaishu/
※サービスは予告なく終了する場合があります。

高校入試の最重要問題 理科 改訂版

デザイン ········· bicamo designs

編集協力 ········· 合同会社 鼎, 株式会社 シー・キューブ

本文図版 ········· 株式会社 アート工房

本文DTP ········· 株式会社 明昌堂　22-2031-3474

解答と解説

高校入試の
最重要問題

理科

改訂版

別冊

本体と軽くのり付けされているので、はずしてお使いください。

物　理　分　野

{P.11}

1 (仕事とエネルギー)

1 (1) 60 J
(2) 12 N

解説 (1) 2 kg＝2000 g より，物体にはたらく重力の大きさは，$1 N × \dfrac{2000 \,g}{100 \,g} = 20 \,N$，**仕事〔J〕＝力の大きさ〔N〕×力の向きに動いた距離〔m〕**より，物体を 3 m 引き上げるのに必要な仕事は，20 N×3 m＝60 J

(2) **仕事の原理**が成り立つので，物体を斜面に沿って 5 m 引き上げるときの仕事は，物体を真上に 3 m 引き上げるのに必要な仕事と等しく，60 J である。斜面を 5 m 引き上げるときの引く力の大きさを x とすると，x×5 m＝60 J　x＝12 N

2 (1) 力学的エネルギー
(2)

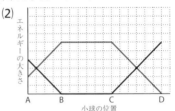

解説 (2) 力学的エネルギーの保存が成り立つので，**位置エネルギーと運動エネルギーの和(力学的エネルギー)は一定**に保たれる。最高点 **D** では，位置エネルギーは 6，小球の速さは 0 より運動エネルギーは 0 なので，小球のもつ力学的エネルギーは 6 である。**BC** 間では位置エネルギーが 0 で，運動エネルギーは 6。点 **A** では位置エネルギーが 4 より，運動エネルギーは 6−4＝2

3 (1) エ
(2) ウ
(3) (例)糸を引く力の大きさと糸を引く距離を変えずに，力の向きを変えるはたらきがある。
(4) 0.05 W
(5) 力の大きさ…200 N
　　距離…18 m

解説 (1) **仕事の原理**が成り立つので，動滑車を使っても仕事の大きさは変わらない。

(2) 物体を一定の速さで引いているので，運動エネルギーの大きさは一定であるが，物体の位置が高くなるので位置エネルギーが大きくなる。したがって，力学的エネルギーはしだいに大きくなる。

(3) 実験1と実験2を比べると, 定滑車を使っても
糸を引く力の大きさや糸を引く距離は直接持ち
上げるときと変わらないことがわかる。しかし,
ばねばかりを引く力の向きと物体が糸に引かれ
る力の向きは異なるので, 力の向きを変えるは
たらきがあることがわかる。

(4) 質量200 gの物体にはたらく重力の大きさは,
$1 N×\dfrac{200 g}{100 g}=2 N$　10 cm＝0.1 mより, 実
験1のときの仕事は, $2 N×0.1 m＝0.2 J$
実験3で糸を引く距離は20 cm, **移動にか
かった時間〔s〕＝$\dfrac{移動距離〔cm〕}{速さ〔cm/s〕}$** より, かかっ
た時間は, $\dfrac{20 cm}{5 cm/s}=4 s$　**仕事率〔W〕＝
$\dfrac{仕事〔J〕}{仕事にかかった時間〔s〕}$** より, $\dfrac{0.2 J}{4 s}=0.05 W$

(5) 120 kg＝120000 gより, 荷物にはたらく重力
の大きさは, $1 N×\dfrac{120000 g}{100 g}=1200 N$　荷物
にはたらく重力は, ワイヤー**A**が動滑車を支え
ている6本の部分に均等にかかるので, 1か所
のワイヤー**A**にかかる力の大きさは, $\dfrac{1200 N}{6}$
$=200 N$より, ワイヤー**A**を引く力の大きさは
200 Nである。荷物を直接3 m引き上げる仕事
は, $1200 N×3 m＝3600 J$より, ワイヤー**A**
を引く距離は, $\dfrac{3600 J}{200 N}=18 m$

4 ア

解説 ①は**対流**で, 液体や気体の熱の伝わり方, ②は**伝
導(熱伝導)**で, 固体の熱の伝わり方, ③は**放射(熱
放射)**で, 太陽やたき火などの熱の伝わり方である。

{P.15}

2 （力による現象・水圧と浮力）

1 0.5 N

解説 質量150 gのおもりがばねを引く力の大きさは,
$1 N×\dfrac{150 g}{100 g}=1.5 N$　このときのばねののびは,
$10 cm－7 cm＝3 cm$　このばねを1 cmのばす
とき, 必要な力の大きさは, $1.5 N×\dfrac{1 cm}{3 cm}=0.5 N$

2 (1) (例)「物体の動きを変える」というはたらき。
(2) 90 g

解説 (1)「物体の運動の状態を変化させる」も可。物体の
動きを変えるとは, 止まっている物体を動かし
たり, 動いている物体の速さや向きを変えたり

することである。

(2) **図2**より, 0.5 Nの力が加わるとばねが2.5 cm
のびるので, ばねののびが4.5 cmになったと
きに加えた力の大きさをxとすると,
$0.5 N：2.5 cm＝x：4.5 cm$　$x=0.9 N$　よっ
て, 物体**X**の質量は, $100 g×\dfrac{0.9 N}{1 N}=90 g$

3 (1) ①…イ　②…ウ
(2) 0.33 N

解説 (1) ①…物体にはたらく浮力よりも重力の方が大き
ければ, 物体は水に沈むので, 物体**X**にはた
らく重力は浮力よりも大きい。
②…物体が浮いているとき, 物体にはたらく浮
力と重力がつり合っているので, 物体**Y**にはた
らく浮力の大きさと重力の大きさは等しくなる。

(2) 浮力の大きさ〔N〕＝空気中でのばねばかりの示
す値〔N〕－水中でのばねばかりの示す値より,
物体**X**にはたらく浮力の大きさは, $0.84 N－$
$0.73 N＝0.11 N$　物体**X**と物体**Y**の重さの合
計は, $0.84 N＋0.24 N＝1.08 N$より, 物体**X**
と物体**Y**にはたらく浮力の合計は, $1.08 N－$
$0.64 N＝0.44 N$　よって, 物体**Y**にはたらく
浮力の大きさは, $0.44 N－0.11 N＝0.33 N$

4 (1)

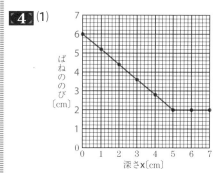

(2) 1.5 g/cm³
(3) オ
(4) 0.64 N
(5) エ
(6) ①…0.64 N
②…0.8 cm

解説 (1) この場合, 物体**A**が沈むにつれてはたらく浮力
が大きくなるので, ばねののびは小さくなって
いく。水の深さが5 cm以上では物体**A**全体
が水中にあり, 浮力の大きさが一定になるので,
ばねののびも一定になる。

(2) 物体**A**の質量は, $100 g×\dfrac{1.2 N}{1 N}=120 g$　(1)
のグラフから物体**A**の高さは5 cmなので, 体

積は 16 cm²×5 cm＝80 cm³　**密度〔g/cm³〕＝**
$\dfrac{\textbf{質量〔g〕}}{\textbf{体積〔cm³〕}}$ より，物体 **A** の密度は，$\dfrac{120\ \text{g}}{80\ \text{cm}^3}$＝
1.5 g/cm³

(3) 水圧は，**水面からの深さが深いほど大きく，同じ深さのところでは同じ大きさになる。**

(4) ばねを 1.0 cm のばすのに必要な力の大きさは，
1.2 N×$\dfrac{1.0\ \text{cm}}{6.0\ \text{cm}}$＝0.2 N　深さ **x** が 4.0 cm の
とき，ばねに加わる力の大きさは，0.2 N×
$\dfrac{2.8\ \text{cm}}{1.0\ \text{cm}}$＝0.56 N　よって，物体 **A** にはたらく
浮力の大きさは，1.2 N－0.56 N＝0.64 N

(5) 物体 **A** 全体が水中に入るまでは，深さ **x** が大きくなるほどばねののびは小さくなっている。つまり，ばねを下向きに引く力が小さくなっているので，浮力は上向きにはたらくと考えられる。また，深さ **x** が大きくなるほど，物体 **A** の水中にある部分の体積が増加し，浮力が大きくなるため，ばねののびが小さくなる。

(6) ① … 物体 **B** の底面積は，4.0 cm×4.0 cm＝16 cm² と，物体 **A** と同じなので，物体 **B** を水面から 4.0 cm 沈めたときに水中にある部分の体積は，物体 **A** を水面から 4.0 cm 沈めたときに水中にある部分の体積と等しい。このときに物体 **B** にはたらく浮力の大きさは(4)で物体 **A** にはたらく浮力の大きさと等しくなる。
②…**動滑車を使っていることに注意する。**体積 16 cm²×4.0 cm＝64 cm³ の物体 **B** の質量は，1.5 g/cm³×64 cm³＝96 g　物体 **B** にはたらく重力の大きさは，1 N×$\dfrac{96\ \text{g}}{100\ \text{g}}$＝0.96 N　動滑車を下向きに引く力の大きさは，0.96 N－0.64 N＝0.32 N より，ばねを引く力の大きさは，$\dfrac{0.32\ \text{N}}{2}$＝0.16 N　ばねののびは，1 cm×$\dfrac{0.16\ \text{N}}{0.2\ \text{N}}$＝0.8 cm

{ P.19 }
3 （ 電気回路 ）

1 (1) 120 mA
(2) 電圧…2.0 V　　電気抵抗…15 Ω
(3) 記号…エ　　電流…1.0 A

解説 (1) 500 mA の－端子につないでいるので，1 目盛りが 10 mA である。最小目盛りの $\dfrac{1}{10}$ まで目分量で読みとる。
(2) **電圧〔V〕＝抵抗〔Ω〕×電流〔A〕**より，10 Ω の抵

抗器 **Y** に加わる電圧は，10 Ω×0.20 A＝2.0 V，抵抗器 **Z** に加わる電圧は，5.0 V－2.0 V＝3.0 V
抵抗〔Ω〕＝$\dfrac{\textbf{電圧〔V〕}}{\textbf{電流〔A〕}}$より，抵抗器 **Z** の抵抗は，
$\dfrac{3.0\ \text{V}}{0.20\ \text{A}}$＝15 Ω
（別解）実験②の回路で，全体の抵抗は$\dfrac{5.0\ \text{V}}{0.20\ \text{A}}$
＝25 Ω より，25 Ω－10 Ω＝15 Ω

(3) 電流計の示す値を大きくするには，回路全体の抵抗を小さくすればよい。並列回路の全体の抵抗はそれぞれの抵抗より小さくなるので，並列回路を選択する。電流計の示す値は，**電流〔A〕**
＝$\dfrac{\textbf{電圧〔V〕}}{\textbf{抵抗〔Ω〕}}$より，選択肢の**ア**では$\dfrac{5.0\ \text{V}}{10\ \Omega}$＝0.5 A，
イでは$\dfrac{5.0\ \text{V}}{10\ \Omega+10\ \Omega}$＝0.25 A，**ウ**では$\dfrac{5.0\ \text{V}}{10\ \Omega}+$
$\dfrac{5.0\ \text{V}}{10\ \Omega+10\ \Omega}$＝0.75 A，**エ**では$\dfrac{5.0\ \text{V}}{10\ \Omega}+\dfrac{5.0\ \text{V}}{10\ \Omega}$
＝1.0 A である。

2 (1) ①…次の図 1
　　②…2 倍
(2) ①…次の図 2
　　②…エ→ア→イ→ウ
(3) ①…0.5
　　②…（例）抵抗器を流れる電流がほとんどなくなった

図 1　　　　　　　　　**図 2**

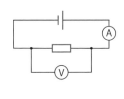
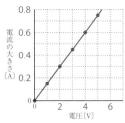

解説 (1) ①…**電圧計は測定したい部分に並列，電流計は測定したい点に直列につなぐ。**
②…両端に 4 V の電圧を加えると，電熱線 **a** は 0.4 A，電熱線 **b** は 0.2 A の電流が流れるので，$\dfrac{0.4\ \text{A}}{0.2\ \text{A}}$＝2 より，2 倍。
(2) ①…**図 3** では，電熱線 **a** と電熱線 **b** は並列につながれているので，**各電熱線の両端にかかる電圧は電源装置の電圧と等しく，電流計の示す値は各電熱線に流れる電流の和と等しい。**
②…**エ**は電源装置の電圧が豆電球に加わるので，流れる電流は最も大きい。**ア**で電熱線 **a** と電熱線 **b** を並列につないだ部分の全体の抵抗はそれぞれの抵抗よりも小さいので，**イ**や**ウ**よりも豆電球に流れる電流が大きい。電熱線 **a** の方

が電熱線 **b** よりも抵抗が小さいので，**イ** の方が
ウ よりも豆電球に流れる電流が大きい。

(3) ①…図2から，電熱線 **a** に 5 V の電圧が加わ
ると 0.5 A の電流が流れる。

②…**電流〔A〕＝$\dfrac{電圧〔V〕}{抵抗〔Ω〕}$** より，抵抗が非常に大
きくなると，抵抗器に流れる電流は非常に小さ
くなる。

◀3▶ X

解説 **P** を **X**，**Y**，**Z** のいずれかと接続すると，390 mA
＝0.39 A より，全体の抵抗は，$\dfrac{3.9\,V}{0.39\,A}=10\,Ω$ と
なる。**X** と接続したときの回路図は下の図のよう
になる。このとき，全体の抵抗を R_x とすると，
$\dfrac{1}{R_x}=\dfrac{1}{10\,Ω+10\,Ω+10\,Ω}+\dfrac{1}{15\,Ω}=\dfrac{1}{10\,Ω}$，$R_x=$
10 Ω **Y** や **Z** と接続したときは回路全体の抵抗は
10 Ω よりも大きくなる。

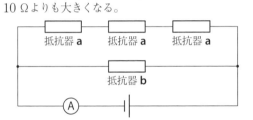

{P.23}

4（　光による現象　）

◀1▶ (1) b，c
(2) X の方向に 2 ます

解説 (1) 鏡の両端に当たって反射する光を作図すると，
図1 のようになり，**a**，**d** に立てた棒は花子さ
んからは見ることができない。

(2) **a**，**d** の位置に立てた棒から出て鏡の両端に当
たって反射する光を作図すると，**図2** のように
なる。したがって，**図2** の　　　の部分が，すべ
ての棒が鏡に映って見える範囲である。

図1 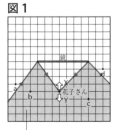　　**図2**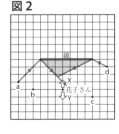

花子さんの見える範囲

◀2▶ (1) エ
(2) イ

解説 (1) **ア**…**表1** では，入射角は屈折角より大きく，入
射角が大きくなると屈折角も大きくなる。

イ…**表2** では，入射角が大きくなると屈折角も
大きくなる。

ウ…光が空気中からガラスに入るときは，入射
角を大きくしても屈折角が 90° になることはな
いので，光が屈折せずにすべて反射することは
ない。

エ…光がガラスから空気中に入るときは，入射
角を大きくしていくと屈折角が 90° に近づき，
やがて光がガラスの表面で屈折せずに**全反射**す
る。

(2) 鉛筆から半円
形ガラスを
通った光はガ
ラスの表面で
屈折して目に
入るため，右
の図のように，
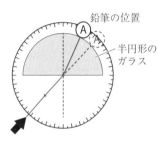
実際の鉛筆よりも右にずれた位置（破線の位置）
から直進してきたように見える。

◀3▶ (1) エ
(2)
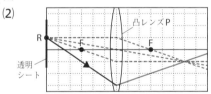
(3) 凸レンズ Q が 8 cm 長い。

解説 (1) スクリーンに**上下左右が逆向きの実像**が映し出
される。

(2) 点 **R** の実像ができる位置を作図し，その点と矢
印の先を結ぶ。

(3) **物体が焦点距離の 2 倍の位置にあるとき，焦
点距離の 2 倍の位置に実像ができる**ので，焦
点距離は，凸レンズ **P** は $\dfrac{24\,cm}{2}=12$ cm，凸
レンズ **Q** は $\dfrac{40\,cm}{2}=20$ cm　よって，凸レン
ズ **Q** が 20 cm－12 cm＝8 cm 長い。

5 (電流と磁界・静電気と電流)

1 (1) イ
(2) ア

解説 (1) **方位磁針のN極が指す向きが磁界の向きになる。** コイルに電流を流すと，点Pの位置に置かれた方位磁針のN極は南を指したので，磁界の向きは南向きである。右手の親指を南に合わせ，残りの4本の指をにぎると，4本の指先の指す向きが電流の向きとなるので，電流の向きは①。

(2) コイルの左側では，厚紙の上から下へ向かって電流が流れるので，時計回りの磁界ができる。コイルの右側では，厚紙の下から上へ向かって電流が流れるので，反時計回りの磁界ができる。

2 (1) ウ
(2) ア
(3) 動く向き…変化なし。
振れる幅…小さくなった。

解説 (1) 蛍光板上の明るい線の正体は，**−の電気をもつ電子**の流れなので，電圧を加えると＋極の電極**X**の方に引かれる。

(2) U字型磁石の**磁界の向きはN極からS極に向かう向き**である。スイッチを入れると，コイルの手前から奥に向かって電流が流れるので，電流によってできる磁界の向きは時計回りになる。

(3) 実験2の①と②では電流の向きや磁界の向きは同じで，コイルが動く向きは変化しない。抵抗器**R₁**の抵抗は，$\dfrac{6.0\,\text{V}}{2.0\,\text{A}}=3.0\,\Omega$　$5.0\,\Omega$の抵抗器**R₂**にかえると，流れる電流が小さくなるので，振れる幅は小さくなる。

3 (1) 電磁誘導
(2) (例)コイル内部の磁界が変化しなくなったから。
(3) エ

解説 (1) コイルに棒磁石を近づけると，コイル内部の磁界が変化し，それにともなって電圧が生じ，電流が流れる。

(2) コイル内部の磁界が変化しないと，電圧は生じないため，電流は流れない。

(3) **斜面を下っているので，台車の速さはしだいに速くなる。**よって，コイルAを通過するときよりもコイルBを通過するときの方が台車の速さが速くなるので，コイルAを通過するときよりも大きな電流が短い時間に生じる。

6 (電力・電流による発熱)

1 (1) 右の図
(2) ウ
(3) 1680 J
(4) 1800 J
(5) イ

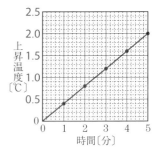

解説 (1) 6V−3Wの電熱線を用いたときの時間と測定開始からの水の上昇温度の関係は，次の表のようになる。

時間〔分〕	1	2	3	4	5
上昇温度〔℃〕	0.4	0.8	1.2	1.6	2.0

(2) **電流による発熱量〔J〕＝電力〔W〕×時間〔s〕**より，電熱線から発生する熱量は，電力が一定のときは時間に比例し，時間が一定のときは電力に比例する。

(3) 水1gの温度を1℃上げるのに必要な熱量は4.2Jなので，**水が得た熱量〔J〕＝4.2 J/(g・℃)× 水の質量〔g〕× 水の上昇温度〔℃〕**より，$100\,\text{cm}^3$($100\,\text{g}$)の水の温度を4.0℃上昇させるために必要な熱量は，
$4.2\,\text{J/(g・℃)}×100\,\text{g}×4.0\,\text{℃}=1680\,\text{J}$

(4) 6V−6Wの電熱線の両端に6.0Vの電圧を加えたときに消費する電力は6Wなので，5分間に電熱線から発生する熱量は，$6\,\text{W}×(5×60)\,\text{s}=1800\,\text{J}$

(5) 電熱線から発生した熱は，水の温度上昇に使われるだけでなく，カップやまわりの空気にも逃げているので(3)の答えと(4)の答えは一致しない。

2 (1) 0.60 A
(2) 電力量…120 Wh
使用時間…16 時間
(3) (例)LED電球は同じ消費電力の白熱電球より熱の発生が少ないから。

解説 (1) **電流〔A〕＝$\dfrac{電力〔W〕}{電圧〔V〕}$**より，消費電力が60Wの白熱電球**P**に100Vの電圧をかけたときに流れる電流の大きさは，$\dfrac{60\,\text{W}}{100\,\text{V}}=0.60\,\text{A}$

(2) **電力量〔Wh〕＝電力〔W〕×時間〔h〕**より，消費電力が60Wの白熱電球**P**を2時間使用したときの電力量は，$60\,\text{W}×2\,\text{h}=120\,\text{Wh}$である。この電力量は，消費電力が7.5WのLED電球

$$\frac{120\ \mathrm{Wh}}{7.5\ \mathrm{W}} = 16\ \mathrm{h}\ 使用したときと同じである。$$

(3) **図3** より，同じ点灯時間で比べたとき，白熱電球 **Q** の方が LED 電球よりも水の上昇温度が高いので，より多くの熱が発生したことがわかる。

{P.34}

7 物体の運動

1 23 cm/s

解説 $速さ〔cm/s〕 = \dfrac{移動距離〔cm〕}{移動するのにかかった時間〔s〕}$ より，5 打点するのにかかった時間は $1\ \mathrm{s} \times \dfrac{5\ 打点}{50\ 打点} = 0.1\ \mathrm{s}$ なので，台車の平均の速さは，$\dfrac{2.3\ \mathrm{cm}}{0.1\ \mathrm{s}} = 23\ \mathrm{cm/s}$

2 (1) 1.5 m/s
(2) エ

解説 (1) 小球が **AB** 間を移動するのにかかった時間は，$1\ \mathrm{s} \times \dfrac{4\ 回}{8\ 回} = 0.5\ \mathrm{s}$ 75 cm ＝ 0.75 m より，小球の平均の速さは，$\dfrac{0.75\ \mathrm{m}}{0.5\ \mathrm{s}} = 1.5\ \mathrm{m/s}$
(2) 摩擦力や空気の抵抗は無視できるので，小球には，**重力**と斜面からの**垂直抗力**の２つの力がはたらいている。

3 (1) 40 cm/s
(2) 等速直線運動
(3) ウ
(4) エ

解説 (1) 5 打点するのにかかった時間は，$1\ \mathrm{s} \times \dfrac{5\ 打点}{50\ 打点} = 0.1\ \mathrm{s}$ より，台車の平均の速さは，$\dfrac{4.0\ \mathrm{cm}}{0.1\ \mathrm{s}} = 40\ \mathrm{cm/s}$
(3) おもりをつけた糸が引く力がはたらくので，おもりが床に達するまでは台車や木片の速さはしだいに速くなる。木片には**運動の向きとは逆向きに摩擦力がはたらく**ので，木片の速さは台車よりも遅く，おもりが床に達するまでの時間は長くなる。
おもりが床についたあとは，糸が台車や木片を引く力がはたらかなくなり，台車は等速直線運動を行い，木片には運動の向きとは逆向きの摩擦力だけがはたらくので，木片の速さはしだいに遅くなり，やがて止まってしまう。

(4) 台が傾いていると，糸が台車を引く力以外に台車にはたらく**重力の斜面に平行な分力**も運動の向きに加わるので，台車の速さが変化する割合が大きくなる。

{P.37}

8 力の合成と分解・作用・反作用

1 (1) 5 N
(2) 右の図

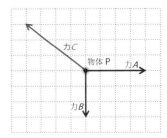

解説 (1) 力 **A** と力 **B** の合力は，辺の長さの比が３：４：５の直角三角形の斜辺になるので，大きさは５ N である。
(2) 力 **C** は，力 **A** と力 **B** の合力とつり合っているので，合力と同じ大きさで逆向きの矢印をかく。

2 下の図

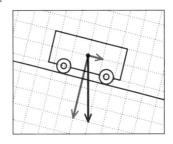

解説 斜面に平行な方向と垂直な方向を２辺とし，重力の矢印を対角線とする平行四辺形(この場合は長方形)をかくと，重力の斜面に沿う方向の分力と斜面に垂直な方向の分力をかくことができる。

3 下の図

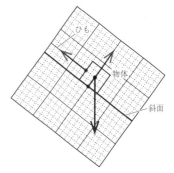

解説 物体には，重力以外にひもが物体を引く力と，物体が斜面から垂直に受ける垂直抗力の２つの力がはたらいている。まず，物体にはたらく重力を斜

面に平行な分力と斜面に垂直な分力に分解する。ひもが物体を引く力としては，ひもと物体が接する点を作用点として，重力の斜面に平行な分力とつり合う力(大きさが同じで向きが反対の力)をかきこむ。垂直抗力としては，物体と斜面が接する面の中心を作用点として，重力の斜面に垂直な分力とつり合う力をかきこむ。

◀4▶ あ…A　い…B(**あ**，**い**は順不同)
う…B　え…C(**う**，**え**は順不同)

解説 Aは物体aにはたらく重力，Bは床が物体aを押す力，Cは物体aが床を押す力である。物体aにはたらくAとBの力が**つり合い**の関係にあり，床と物体aの間ではたらくBとCの力が**作用・反作用**の関係にある。

◀5▶ (1) 摩擦力
(2) 右の図

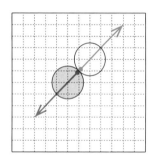

解説 (2) **作用・反作用の法則**が成り立つので，ストーンAは，ストーンBがストーンAから受けた力と同じ大きさの力を逆向きに受ける。

{P.40}

9 (音による現象)

◀1▶ (1) 510 m
(2) (例)音が伝わる速さは光の速さより遅いから。
(3) X…振動　Y…波

 解説 (1) 花火が開く場所から家までの距離は，340 m/s×3.5 s＝1190 m　家から移動したたろうさんがいた場所から花火が開く場所までの距離は，340 m/s×2 s＝680 m　よって，花火が開く場所とたろうさんとの距離は，1190 m−680 m＝510 m 短くなった。
(2) 光の速さは約30万 km/s，空気中の音の速さは約340 m/s である。
(3) 音源の振動によって空気が振動し，その振動が空気中を次々と伝わる。このように，振動が次々と伝わる現象を**波**という。

◀2▶ (1) ア
(2) 400 Hz
(3) B…Y　C…X　D…Z

解説 (1) ②…音さの振動が水面に次々と伝わっていき，波が広がっていく。
④…音さの振動が止まると，水面の振動もやがて止まってしまう。
(2) **振動数は1秒間に振動する回数である。**5回振動するのに 0.0125 秒かかっていたので，振動数は，$5 回 \times \dfrac{1\,s}{0.0125\,s} = 400\,Hz$
(3) 実験2の(a)より，音さDの振動数は音さB，Cよりも多い。また，振動数が等しく，同じ高さの音を出す2つの音さの一方をたたいて音を鳴らすと，もう一方の音さも鳴り始める。(b)で，音さBは振動していたので，音さAと音さBの振動数は等しい。よって，**図4**で，音さAと同じ振動数のYが音さB，音さAよりも振動数が多いZが音さDのものである。

化 学 分 野

{P.47}

1 （ 水溶液とイオン ）

▶1 エ

解説 水にとかしても陽イオンと陰イオンに分かれない
物質は非電解質である。塩化水素，水酸化ナトリ
ウム，塩化銅は**電解質**，砂糖（ショ糖）は**非電解質**
である。

▶2 (1) ウ，オ
　　(2) エ

解説 (1) 原子中の陽子の数と電子の数は等しいが，イオ
ンは原子が電子を失ったり受けとったりするこ
とで生じるため，**イオン中の陽子の数と電子の
数が等しくない**。よって，陽子の数と電子の数
が等しい**ア，イ，エ**は原子，電子の数が陽子の
数より多い**ウ**は陰イオン，電子の数が陽子の数
より少ない**オ**は陽イオンである。
　(2) 同じ元素で**中性子の数が異なる**原子を**同位体**と
いう。**ア**と陽子と電子の数が同じものを選ぶ。

▶3 (1) Cu
　　(2) イ
　　(3) X…（例）音を立てて燃えた
　　　気体…水素
　　(4) ①…漂白作用
　　　②…(a)…ア　(b)…ア

解説 (1) 塩化銅水溶液が電気分解されて，$CuCl_2 \rightarrow Cu$
$+ Cl_2$ という化学変化が起こり，陽極付近から
塩素 Cl_2 が発生し，陰極の表面に銅 Cu が付着
する。
　(2) 塩化銅は，$CuCl_2 \rightarrow Cu^{2+} + 2Cl^-$ と電離するの
で，生じる塩化物イオン Cl^-（陰イオン）の数は
銅イオン Cu^{2+}（陽イオン）の数の 2 倍になる。
　(3) うすい塩酸が電気分解されて，$2HCl \rightarrow H_2 +$
Cl_2 という化学変化が起こり，陽極付近からは
塩素 Cl_2，陰極付近からは水素 H_2 が発生する。
　(4) ②…塩素原子 Cl が電子を 1 個受けとって塩化
物イオン Cl^- となる。塩化物イオンは陰イオン
なので，電気分解すると陽極側から塩素が発生
する。

▶4 (1) X…電子　Y…Mg^{2+}　Z…Cu
　　(2) 亜鉛

解説 (1) マグネシウム Mg は，次のように電子 e^- を 2 個
失ってマグネシウムイオン Mg^{2+} になる。

$$Mg \rightarrow Mg^{2+} + 2e^-$$

銅イオン Cu^{2+} は，次のように電子を2個受けとって銅原子 Cu になる。

$$Cu^{2+} + 2e^- \rightarrow Cu$$

(2) 水溶液にふくまれる**金属イオンよりも金属片Aの方がイオンになりやすいとき，化学変化が起こる**。金属片Aを，銅イオンをふくむ水溶液と鉄イオンをふくむ水溶液に入れたときに反応が起こったので，金属片Aは銅と鉄よりもイオンになりやすい。亜鉛イオンをふくむ水溶液に入れたときには反応が起こらなかったので，金属片Aは亜鉛よりもイオンになりやすいマグネシウムではないことがわかる。

{P.51}

2（ 物質の成り立ち ）

1 ア

解説 化学反応式の左辺にある $2H_2O$ は，水素原子2個と酸素原子1個が結びついた水分子が2個あることを表している。

2 (1) ①…ア　②…エ
(2) (例)水酸化ナトリウム水溶液は，純粋な水と比べて，電流を流しやすいから。

解説 (1) 電源装置の**−極とつながった電極Pは陰極**，**＋極とつながった電極Qは陽極**である。水の電気分解では，**陰極付近から水素**が発生し，**陽極付近から酸素**が発生する。
(2) 純粋な水は電流が流れにくいので，電解質である水酸化ナトリウムをとかす。

3 (1) エ
(2) ア
(3) $2Ag_2O \rightarrow 4Ag + O_2$
(4) 熱分解
(5) (例)はじめに試験管Aの中にあった空気が多くふくまれているから。

解説 (1) この実験では液体が発生しないが，炭酸水素ナトリウムの熱分解のように，水などの液体が生じる場合は，生じた液体が加熱部分に流れ，試験管が急に冷やされて割れるおそれがある。
(2) 酸化銀は黒色であるが，加熱後に試験管Aの中に残った固体の物質は白色の銀である。
(3) 酸化銀 Ag_2O が熱分解されて銀 Ag と酸素 O_2 が生じる。化学反応式の左辺と右辺で**原子の種**

類と数が等しくなる。

4 (1) エ
(2) 理由…(例)試験管に残った物質は炭酸水素ナトリウムと比較して水にとけやすく，水溶液は強いアルカリ性を示したから。
物質名…炭酸ナトリウム

解説 (1) 加熱をやめると，加熱していた試験管内の空気が冷やされて気圧が下がり，水そうの水が試験管に逆流するおそれがある。それを防ぐために，加熱をやめる前に，ガラス管を水そうからとり出す。
(2) フェノールフタレイン溶液は，**アルカリ性が強いほど濃い赤色**になるので，試験管に残っている白い固体の水溶液は炭酸水素ナトリウム水溶液より強いアルカリ性を示すことがわかる。炭酸水素ナトリウムの熱分解は，次のように表され，炭酸ナトリウム Na_2CO_3 があとに残り，二酸化炭素 CO_2 と水 H_2O が生じる。

$$2NaHCO_3 \rightarrow Na_2CO_3 + CO_2 + H_2O$$

{P.55}

3（ さまざまな化学変化 ）

1 燃焼

2 吸熱

解説 代表的な吸熱反応としては，炭酸水素ナトリウムとクエン酸の反応や，塩化アンモニウムと水酸化バリウムの反応などがある。

3 (1) 発熱反応
(2) $Fe + S \rightarrow FeS$
(3) ①…(a)…塩化物　(b)…2
②…エ

解説 (2) 鉄 Fe と硫黄 S が結びついて硫化鉄 FeS ができる。
(3) ①…(a)…塩化水素 HCl は，次のように電離し，水素イオン H^+ と塩化物イオン Cl^- を生じる。

$$HCl \rightarrow H^+ + Cl^-$$

(b)…水素分子の化学式は H_2 なので，水素原子 H が2個結びついている。
②…マグネシウムや銅などの**金属は分子をつくらず**，1種類の原子がたくさん集まってできている。塩化ナトリウムは分子をつくらず，ナトリウム原子と塩素原子が交互に規則正しく並んでいる。

4 ウ

解説 物質が**酸素と結びつく化学変化を酸化**，酸化物から**酸素をとり除く化学変化を還元**という。化学変化において**酸化と還元は同時に起こる**。
たたら製鉄では砂鉄(酸化鉄)は還元されて鉄になり，木炭(炭素)は酸化されて二酸化炭素になる。

5 (1)①…イ　②…エ
(2) ウ
(3) 2Cu + CO₂

解説 (1)①…「**磁石につく**」という性質は鉄などに見られる性質で，**金属に共通の性質ではない**。
②…酸化銅は還元され，炭素は酸化されている。
(3) 酸化銅 CuO と炭素 C が反応して銅 Cu と二酸化炭素 CO₂ ができる。

6 (1) 2Mg + O₂ → 2MgO
(2) (a)…炭素
　　(b)…還元

解説 (1) **マグネシウム Mg が酸素 O₂ と結びついて酸化マグネシウム MgO ができる**。
(2) **マグネシウムの方が炭素よりも酸素と結びつきやすい**。よって，二酸化炭素中でマグネシウムを燃焼させると，マグネシウムは酸化されて酸化マグネシウム(白い物質)になり，二酸化炭素は還元されて炭素(黒い物質)になる。

{P.59}
4 いろいろな気体とその性質

1 (1) イ
(2)①…(例)試験管 P の中にあった空気がふくまれているから。
②…(例)空気よりも密度が大きいから。
③…ア

解説 (2)②…**水にとけやすく，空気よりも密度が大きい気体は下方置換法で集める**。二酸化炭素は空気よりも密度が大きいので，下方置換法でも集めることができる。
③…**酸性の水溶液に BTB 溶液を加えると，黄色に変化**する。食塩水とエタノールは中性，水酸化バリウム水溶液はアルカリ性の水溶液である。

2 (1) ア
(2) ウ

解説 (1) 石灰石にうすい塩酸を加えると二酸化炭素が発生する。CO₂ は二酸化炭素，O₂ は酸素，Cl₂ は塩素，H₂ は水素の化学式である。
(2) 二酸化炭素を水にとかした水溶液は酸性である。**ア**はデンプン，**イ**は中性の水溶液，**エ**はアルカリ性の水溶液の性質である。

3 (1)①…ア　　②…エ　　③…14
(2) NH₃

解説 (1)①…**BTB 溶液は，酸性で黄色，中性で緑色，アルカリ性で青色**になる。
③…水が 20 cm³ 入った注射器に **C** を 30 cm³ 入れたあと上下に振り，ピストンが静止したあとのピストンの先端が示す注射器の目盛りは 36 cm³ なので，とけた **C** の体積は，20 cm³ + 30 cm³ − 36 cm³ = 14 cm³
(2) **刺激臭があり，水溶液がアルカリ性を示す D はアンモニア**である。

4 (1) NH₃
(2) (a)…青　　(b)…赤　　(c)…酸
(3) 記号…イ
理由…(例)試験管 X の方が試験管 Y(空気)よりも酸素の割合が高いから。

解説 (1) 実験①で刺激臭がした気体 **A** はアンモニアである。
(2) 実験②で袋が浮き上がった **B** は水素，実験③でリトマス紙の色が変わった **C** は二酸化炭素，色の変化が見られなかった **D** は酸素である。二酸化炭素の水溶液は**酸性**なので，**青色リトマス紙を赤色に変える**。
(3) 試験管 **X** では酸素の体積の割合が 50.0 %，試験管 **Y** では酸素の割合が 21.0 %である。

{P.63}
5 水溶液の性質

1 エ

解説 ろ過するときは，ろうとのあしの切り口の長い方をビーカーに当て，ガラス棒を伝わせて，水溶液を少しずつ入れる。

2 (1) 溶媒
(2) (例)温度が変わっても，溶解度があまり変化しないから。

解説 (1) 水に**とけている**物質を溶質，水のように**溶質をとかしている液体を溶媒**という。

(2) 塩化ナトリウムの結晶は，溶媒の水を蒸発させてとり出す。

3 (1) 8.3 %

(2) 5 g

解説 (1) **質量パーセント濃度〔%〕=**

$$\frac{溶質の質量〔g〕}{溶液の質量〔g〕}×100=$$

$$\frac{溶質の質量〔g〕}{溶媒の質量〔g〕+溶質の質量〔g〕}×100$$

40 ℃におけるホウ酸の飽和水溶液の質量パーセント濃度は，$\frac{9\,g}{100\,g+9\,g}×100=8.25…$より，8.3 %

(2) 60 ℃の水 100 g にホウ酸 15 g をとかすと，60 ℃におけるホウ酸の飽和水溶液 115 g ができる。20 ℃の水 100 g＋100 g＝200 g にとけるホウ酸の質量は，$5\,g×\frac{200\,g}{100\,g}=10\,g$より，再結晶するホウ酸は，15 g－10 g＝5 g

4 (1) C

(2) 最も多いもの…C
　　最も少ないもの…A

(3) ①…ウ　②…イ

解説 (1) 150 g の水に 120 g の物質をとかすということは，100 g の水に $120\,g×\frac{100\,g}{150\,g}=80\,g$ の物質をとかすのと同じことになる。60 ℃の水 100 g に 80 g 以上とけるのは物質 **C** だけである。

(2) 20 ℃のときと 40 ℃のときで，100 g の水にとける物質の質量の差が最も大きいもの（物質 **C**）が，出てきた結晶の質量が最も多い。逆に，100 g の水にとける物質の質量の差が最も小さいもの（物質 **A**）が，出てきた結晶の質量が最も少ない。

(3) ①…40 ℃の水 100 g にとける物質 **C** の質量は約 64 g より，40 ℃の水 150 g－10 g＝140 g にとける物質 **C** の質量は，$64\,g×\frac{140\,g}{100\,g}=89.6\,g$。出てきた結晶の質量は，180 g－89.6 g＝90.4 g

②…140 g の水に物質 **C** が 89.6 g とけているので，質量パーセント濃度は，$\frac{89.6\,g}{140\,g+89.6\,g}×100=39.0…$より 39 %

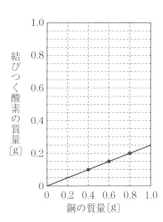

{ P.66}

6 化学変化と物質の質量

1 0.3 g

解説 1.2 g の銅を加熱したとき，加熱後の粉末の質量は 1.5 g になる。よって，銅と結びついた酸素の質量は，1.5 g－1.2 g＝0.3 g

2 (1) （例）一定量の銅と結びつく酸素の質量は決まっているから。（すべての銅が酸素と結びついたから。）

(2) 右の図

解説 (2) 十分に加熱したあとの質量は，0.4 g の銅粉を入れたステンレス皿 **A** は 0.5 g，0.6 g の銅粉を入れたステンレス皿 **B** は 0.75 g，0.8 g の銅粉を入れたステンレス皿 **C** は 1.0 g　結びついた酸素の質量は，ステンレス皿 **A** は 0.5 g－0.4 g＝0.1 g，ステンレス皿 **B** は 0.75 g－0.6 g＝0.15 g，ステンレス皿 **C** は 1.0 g－0.8 g＝0.2 g

3 (1) ~~CO₂~~ CO_2

(2) グラフ…

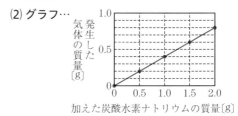

発生する気体の質量…1.2 g

(3) 記号…×
理由…（例）塩酸の濃度を変えても，加える炭酸水素ナトリウムの質量が同じであるため，発生する気体の質量は変わらないから。

解説 (1) 二酸化炭素 CO_2 が発生する。

(2) 0.5 g の炭酸水素ナトリウムを加えた **B** で発生した気体の質量は 128.0 g－127.8 g＝0.2 g，1.0 g の炭酸水素ナトリウムを加えた **C** で発生した気体の質量は 128.5 g－128.1 g＝0.4 g，1.5 g の炭酸水素ナトリウムを加えた **D** で発生

した気体の質量は 129.0 g−128.4 g=0.6 g,
2.0 g の炭酸水素ナトリウムを加えた **E** で発生
した気体の質量は 129.5 g−128.7 g=0.8 g
1.0 g の炭酸水素ナトリウムに対して発生する
気体の質量が 0.4 g なので, 3.0 g の炭酸水素
ナトリウムに対して発生する気体の質量は,

$$0.4 \text{ g} \times \frac{3.0 \text{ g}}{1.0 \text{ g}} = 1.2 \text{ g}$$

(3)「炭酸水素ナトリウムの固体が見えなくなり, 気
体が発生しなくなった」とあるので, 加えた炭
酸水素ナトリウムはすべて反応したと考えられ
る。化学変化では, 反応する物質の質量の比は
常に一定なので, 塩酸の濃度を濃くしても, 発
生する気体の質量は変わらない。

4 (1) $2Cu + O_2 \rightarrow 2CuO$

(2)
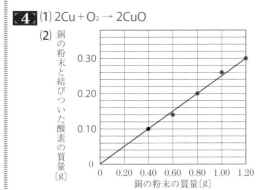

(3) 4.5 g

解説 (1) 銅 Cu が酸素 O_2 と結びついて酸化銅 CuO が
できる。

(2) 銅の質量と結びついた酸素の質量は下の表のよ
うになる。

銅の質量〔g〕	0.40	0.60	0.80	1.00	1.20
結びついた 酸素の質量〔g〕	0.10	0.14	0.20	0.26	0.30

銅の質量が 0.40 g のときの ● の位置の縦軸の
値が 0.10 g になるように縦軸の目盛りを決める。
グラフは原点を通り, ● が定規の辺の上下に同
じように散らばるように直線を引く。

(3) 2.7 g のマグネシウムと結びつく酸素の質量を
x とすると, マグネシウムの質量とマグネシウ
ムと結びつく酸素の質量の比は 3:2 より,
2.7 g:x=3:2 x=1.8 g よって, できる酸
化マグネシウムの質量は, 2.7 g+1.8 g=4.5 g

{P.70}

7 化学変化とエネルギー(電池)

1 (1) ウ
(2) イ

解説 (1) 亜鉛の方が銅よりイオンになりやすいので, 亜
鉛板では亜鉛原子が電子を失ってとけ出すため,
亜鉛板の表面はぼろぼろになり, 細くなってし
まう。銅板では銅イオンが電子を受けとって銅
原子になって銅板の表面に付着する。

(2) 2 つの電解質水溶液が混じり合うと, 硫酸銅水
溶液中の銅イオンは亜鉛板の亜鉛原子から直接
電子を受けとって銅原子になって亜鉛板に付着
してしまい, 電池のはたらきをしなくなってし
まう。

2 (1) $Zn \rightarrow Zn^{2+} + 2e^-$
(2) 銅
(3) ウ
(4) (例) 2 種類の水溶液が簡単には混ざらないが,
電流を流すために必要な**イオン**は少しずつ通
過できるようにする役割。

解説 (1) 亜鉛原子 Zn が電子 e^- を 2 個失って亜鉛イオ
ン Zn^{2+} になる。

(2) 硫酸銅水溶液中の銅イオンが電子を 2 個受け
とって銅原子になり, 銅板の表面に付着する。

(3) **亜鉛板に残った電子は導線を通って銅板に移動**
するので, **亜鉛板が−極, 銅板が+極**になる。

(4) セロハンには小さな穴があいていて, イオンな
どの小さい粒子は通過することができる。−極
側から陽イオンの亜鉛イオン, +極側から陰イ
オンの硫酸イオンが少しずつ移動することで,
**陽イオンと陰イオンによる電気的なかたよりが
できないようにしている。** 小さな穴がないと,
−極側では陽イオンの亜鉛イオンがふえ続け,
+極側では陽イオンの銅イオンが減り続けるの
で, 電池のはたらきが低下してしまう。

3 (1) エ
(2) ①・②…イ
③…ア

解説 (1) **電子は−極から+極へ向かって移動**する。電子
オルゴールの+端子とつながった電極 **X** は+極,
−端子とつながった電極 **Y** は−極になるので,
電子は電極 **Y** から電極 **X** へ移動する。

(2) 燃料電池は, 水の電気分解と逆の化学変化(水

13

素と酸素から水を合成する)を利用して，水素と酸素がもつ化学エネルギーを電気エネルギーとしてとり出している。

〔P.74〕

8 （身のまわりの物質とその性質）

❶ ウ

解説 エタノールや砂糖，プラスチックのように，**炭素をふくんでいて，燃えて二酸化炭素を出す物質を有機物**，有機物以外の物質を無機物という。

❷ (例)磁石につくかどうか調べる。

解説 「**磁石につく**」というのは鉄などにあてはまる性質で，**金属に共通する性質ではない**。金属に共通する性質には，「電気をよく通す」「熱をよく伝える」「みがくと特有の光沢がある」「たたいて広げたり，引きのばしたりすることができる」などがある。

❸ イ

解説 空気の量が不足していると，炎の色がオレンジ色になる。炎の色を青色にするには，ガス調節ねじ（**Y**）をおさえて，空気調節ねじ（**X**）を反時計回りに回してゆるめ，空気の量をふやす。

❹ ①…イ
②…カ

解説 メスシリンダーの目盛りは，**液面の最も低い位置（②）を真横から水平に見て（①）**，最小目盛りの$\frac{1}{10}$まで目分量で読みとる。

❺ (1) 9.0 g/cm^3
(2) B，C，F
(3) エ

解説 (1) 質量 18 g の銅球の体積は，52.0 cm^3−50 cm^3＝2 cm^{3}である。**密度〔g/cm^3〕＝$\frac{物質の質量〔g〕}{物質の体積〔cm^3〕}$** より，銅の密度は，$\frac{18\,g}{2\,cm^3}$＝9.0 g/cm^3

(2) 次の図のように，原点と**A～G**を線で結ぶと，**B，C，F**は同一直線上にあり，密度が$\frac{40\,g}{5\,cm^3}$＝8.0 g/cm^{3}と，鉄の密度 7.9 g/cm^{3}に最も近い。よって，**B，C，F**が鉄でできていると考えられる。

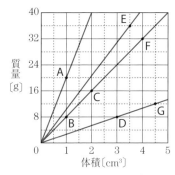

(3) 体積と質量の関係を表すグラフの傾きは密度を表し，傾きが急なほど密度が大きくなる。

ア…領域Ⅰの方が領域Ⅳよりもグラフの傾きが必ず大きくなるので，領域Ⅰの方が密度は大きくなる。

イ…領域Ⅱの方が領域Ⅳよりもグラフの傾きが必ず大きくなるので，領域Ⅱの方が密度は大きくなる。

ウ…領域Ⅲと領域Ⅳは直線 ℓ よりもグラフの傾きが小さくなるが，傾きの大小は物質により変わってくるので，どちらかの密度の方が大きいとはいえない。

エ…領域Ⅰの方が領域Ⅲよりもグラフの傾きが必ず大きくなるので，領域Ⅰの方が密度は大きくなる。

〔P.77〕

9 （酸・アルカリとイオン）

❶ (1) ①…イ ②…エ
(2) A

解説 (1) ①…**陽イオンは陰極，陰イオンは陽極**に引きつけられる。陽極側の赤色リトマス紙 **D** の色が変化したので，赤色リトマス紙の色を変えたのは陰イオンであることがわかる。

②…水酸化ナトリウムを水にとかすと，陽イオンのナトリウムイオンと陰イオンの水酸化物イオンに電離する。

(2) **酸性の性質**の原因となるのは陽イオンの**水素イオン**なので，陰極側の青色リトマス紙 **A** の色を変化させる。

❷ (1) ア
(2) (例)水溶液の水を蒸発させる。
(3) H$^+$ $\quad\quad$ Na$^+$
(4) エ

解説 (1) **BTB 溶液**は，**酸性で黄色，中性で緑色，アル

カリ性で青色になる。酸性の性質の原因となるのは水素イオンである。

(2) うすい塩酸とうすい水酸化ナトリウム水溶液の中和で生じる塩は塩化ナトリウムである。塩化ナトリウムの溶解度は温度による変化があまりないので、冷やしても出てくる結晶は少ない。

(3) 塩化水素 HCl の電離は **HCl → H⁺ + Cl⁻** と表されるので、**水素イオン H⁺ と塩化物イオン Cl⁻ の数は等しい**。また、水酸化ナトリウム NaOH の電離は **NaOH → Na⁺ + OH⁻** と表されるので、**ナトリウムイオン Na⁺ と水酸化物イオン OH⁻ の数も等しい**。

うすい塩酸 10.0 cm³ にうすい水酸化ナトリウム水溶液 10.0 cm³ を加えたとき、水溶液の色が緑色に変化したので、うすい塩酸 10.0 cm³ にふくまれる水素イオンとうすい水酸化ナトリウム水溶液 10.0 cm³ にふくまれる水酸化物イオンの数は等しい。

うすい水酸化ナトリウム水溶液を 5.0 cm³ 加えると、中和に使われるために水素イオンの数は 10.0 cm³ 加えたときの半分になり、水酸化物イオンはすべて中和に使われ、水酸化物イオンの数は 0 である。

塩化物イオンは反応しないので、塩化物イオンの数は元と変わらず、ナトリウムイオンの数は 10.0 cm³ 加えたときの半分である。

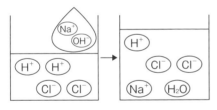

(4) 加えるうすい水酸化ナトリウム水溶液が 10.0 cm³ になるまでは、水酸化物イオンはすべて中和に使われる。うすい塩酸にふくまれる塩化物イオンは反応しないので、塩化物イオンの数は変化しない。中和に使われる水素イオンの数と、加えたうすい水酸化ナトリウム水溶液にふくまれるナトリウムイオンの数は等しい。このため、イオンの総数は変化しない。

うすい水酸化ナトリウム水溶液を 10.0 cm³ より多く加えると、ナトリウムイオンと水酸化物イオンの数が増加するので、イオンの総数も増加する。

3 (1) 水素
(2) (例)酸性の原因の水素イオンと、アルカリ性の原因の水酸化物イオンが結びつき、たがい

の性質を打ち消し合い、水を生じる反応。

(3)

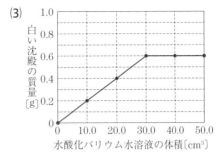

水酸化バリウム水溶液の体積〔cm³〕

解説 (1) ビーカー**B**のろ過したあとの液体は酸性を示すので、マグネシウムは化学変化を起こし、水素が発生する。

(2) **中和は水素イオン H⁺ と水酸化物イオン OH⁻ とが結びついて水 H₂O をつくり、たがいの性質を打ち消し合う反応**で、次のように表される。
H⁺ + OH⁻ → H₂O

(3) ビーカー**D**のろ過したあとの液体の pH を測定すると 7 であったことから、水酸化バリウム水溶液 30.0 cm³ を加えると中性になり、ちょうど中和され、水溶液中にイオンが存在しない。これ以上水酸化バリウム水溶液を加えても、バリウムイオンと結びつく硫酸イオンが存在しないので、白い沈殿の質量は変化しない。よって、**X** と **Y** の値はどちらも 0.6 である。

{P.81}
10 状態変化

1 (1) 状態変化
(2) イ
(3) ウ

解説 (2) 20 ℃のときに**液体の状態**にある物質は、**融点 < 20 ℃ < 沸点**となっている。塩化ナトリウムは融点が 801 ℃なので、20 ℃では固体の状態にある。

(3) エタノールの粒子は、液体の状態では比較的自由に動くことができるが、粒子どうしの間隔はせまい。気体の状態になると、粒子の運動が激しくなり、粒子どうしの間隔が広がるため、体積は大きくなる。しかし、粒子の数は変わらないので、質量は変化しない。

2 (1) イ
(2) ①…イ ②…エ

解説 (1) 水の温度が上昇しているので、液体の状態にある。

(2) ①…**Q** の前後で温度が 100℃ で変化していないので，水は純粋な物質である。**混合物の沸点は一定の温度にならない。**

②…**1 種類の元素からできている**物質を**単体**，**2 種類以上の元素からできている**物質を**化合物**という。

3 オ

解説 **A** は気体，**B** は固体，**C** は液体の粒子のモデルである。エタノールは，熱湯をかける前は液体の状態，熱湯をかけたあとは気体の状態にある。

4 (1) ウ
(2) イ

解説 (1) 固体の物質 **X** がとけ始めてからとけ終わるまでは温度が変化しないので，グラフは水平になる。よって，物質 **X** は，加熱して 6 分後にとけ始め，9 分後にちょうどとけ終わる。

(2) **物質の融点は物質の種類によって決まっていて，**物質の質量とは関係しない。よって，質量を 2 倍にしても，温度 **T**(融点)は変化しないが，同じ火力で加熱したので，時間の長さ **t** は長くなる。

5 (1) (例)フラスコ内の液体が急に沸騰することを防ぐため。
(2) イ
(3) B…ウ　D…エ

解説 (2) 沸騰が始まると，グラフの傾きが急にゆるやかになる。

(3) 青色の塩化コバルト紙がいずれも赤色に変化したことから，試験管 **A**，**B**，**C**，**D**，**E** に集めた液体はいずれも水をふくんでいる。

エタノールは水よりも沸点が低いので，先に集めた試験管の液体の方がエタノールの割合が多い。試験管 **B** の液体は火がついて，しばらく燃えたので，大部分がエタノールで，少量の水をふくんでいる。試験管 **D** の液体は，加熱を始めてから 9〜12 分の間に出てきた気体を集めたもので，グラフが水平になっていないので，水とエタノールの混合物である。また，火がつかなかったので，大部分が水で，少量のエタノールをふくんでいる。

1 （植物のつくりとはたらき）

≪1≫ 記号…B
　　　名称…がく

解説 **A**はおしべ，**B**はがく，**C**は花弁，**D**はめしべである。花は，ふつう**外側から，がく，花弁，おしべ，めしべの順**についている。

≪2≫ イ

解説 めしべの根もとのふくらんだ部分を子房(**X**)といい，中には胚珠(**Y**)とよばれる粒が入っている。受粉すると，**子房は成長して果実になり，子房の中の胚珠は成長して種子**になる。

≪3≫(1) ウ
　　(2)

解説(1) **ア**は雌花，**イ**は葉，**ウ**は雄花，**エ**は2年前の雌花（まつかさ）である。

　　(2) 受粉後，雌花の胚珠が種子になる。マツの雌花には**子房がなく，胚珠がむき出し**でついている。

≪4≫(1) (例)(試験管Aで見られたBTB溶液の色の変化は)オオカナダモのはたらきによるものであることを明らかにするため。

　　(2)①…イ　②…オ　③…ア　④…ウ

　　(3) ア

解説(1) 試験管**A**と試験管**B**はオオカナダモ以外の条件は同じなので，試験管**A**のBTB溶液の色の変化はオオカナダモのはたらきによるものであることがわかる。このように**調べたい条件以外の条件を同じにして行う実験を対照実験**という。

　　(2) **BTB溶液**は，**酸性で黄色，中性で緑色，アルカリ性で青色**になる。試験管**A**では，とけていた二酸化炭素が光合成によって使われて少なくなり，BTB溶液はアルカリ性になる。試験管**C**では，呼吸によってとけている二酸化炭素が多くなり，BTB溶液は酸性になる。

　　(3) 試験管**A**では，光合成によってとり入れられる二酸化炭素の方が呼吸によって出される二酸化炭素よりも多いため，とけている二酸化炭素が減少してBTB溶液はアルカリ性になる。

5 (1) 道管

(2) (例)水面からの水の蒸発を防ぐ。

(3) 葉の表側…ウ　葉以外…イ

(4) 記号…エ

理由…(例)明るくなると気孔が開いて蒸散量が多くなり，吸水量がふえるから。

解説 (2) 水面から水が蒸発すると，蒸散によって失われた水の減少量が正確にわからない。

(3) 装置 A～C で蒸散が行われている部分と水の減少量は下の表のようになる。

	装置 A	装置 B	装置 C
蒸散が行われている部分	葉の表側 葉の裏側 葉以外	葉の裏側 葉以外	葉の表側 葉以外
水の減少量〔cm³〕	12.4	9.7	4.2

葉の表側からの蒸散量＝装置 A の水の減少量（葉の表側＋葉の裏側＋葉以外）－装置 B の水の減少量（葉の裏側＋葉以外）＝12.4 cm³－9.7 cm³＝2.7 cm³

葉以外からの蒸散量＝装置 B の水の減少量（葉の裏側＋葉以外）＋装置 C の水の減少量（葉の表側＋葉以外）－装置 A の水の減少量（葉の表側＋葉の裏側＋葉以外）＝9.7 cm³＋4.2 cm³－12.4 cm³＝1.5 cm³

(4) 多くの植物は**昼に気孔が開き，夜に閉じる。**暗室に 3 時間置いている間は気孔が閉じているので，蒸散は行われないため，水がほとんど減少しない。

{P.93}
2 生物のふえ方と遺伝

1 ①…胚珠　②…胚

解説 受粉すると，花粉は子房の中の胚珠に向かって花粉管をのばす。精細胞は花粉管の中を移動し，花粉管が胚珠に達すると，精細胞の核と胚珠の中にある卵細胞の核が合体して，受精卵がつくられる。**受精卵は成長して胚になり，胚珠全体は種子になる。**

2 (1) (a)…ウ　(b)…イ

(2) (A,) B, F, D, E, C

解説 (1) (a)…うすい塩酸によって，細胞どうしを結びつけている物質をとかし，細胞を 1 つ 1 つ離れやすくする。

(b)…酢酸オルセイン溶液は染色液である。

(2) 細胞分裂が始まると，核の形が見えなくなり，染色体がはっきり**見えるようになる(B)**。その後，**染色体が細胞の中央に集まり(F)**，染色体がそれぞれ分かれ，細胞の**両端に移動する(D)**。植物細胞の場合，**中央部に仕切りができ(E)**，細胞質が 2 つに分かれる(**C**)。

3 (1) 対立形質

(2) ①…v…ウ　w…オ　x…エ
　　　y…ア　z…イ(y, z は順不同)

②…(例)染色体の数は半分になる。

③…ウ

解説 (2) ①…実験 1 で，子はすべて赤い花をつける株に育ったので，赤い花が**顕性形質**，白い花が**潜性形質**である。

からだの細胞の遺伝子は対になっているので，赤い花をつける純系の親の株をつくるからだの細胞の遺伝子の組み合わせは AA(**v**)，減数分裂によってつくられた生殖細胞の遺伝子は A となる。白い花をつける純系の親の株をつくるからだの細胞の遺伝子は aa(**w**)，減数分裂によってつくられた生殖細胞の遺伝子は a となる。

受精によってできた子の遺伝子の組み合わせは Aa(**x**)で，減数分裂によってつくられた生殖細胞の遺伝子は A か a(**y, z**)になる。

②…**減数分裂**によってつくられた生殖細胞の染色体の数は**もとの細胞の半分になる**ため，遺伝子の数も半分になる。

③…孫の株のからだの細胞の遺伝子の組み合わせは，右の表のようになり，AA：Aa：aa＝1：2：1

	A	a
A	AA	Aa
a	Aa	aa

{P.96}
3 消化・血液循環のしくみ

1 名称…肺胞

理由…(例)空気にふれる表面積が大きくなるから。

解説 肺胞はうすい膜でできていて，まわりを毛細血管がとり囲んでいる。肺胞の数が多いほど，空気にふれる表面積が大きくなり，酸素と二酸化炭素の交換が効率よく行える。

2 (1) ベネジクト溶液

(2) ア

(3) (a)…イ　　　(b)…ウ

(4) (a)…(例)デンプンがなくなった

　　(b)…(例)糖が生じた

(5) (a)…イ　　　(b)…オ　　　(c)…キ

解説 (1) **ベネジクト溶液は**，**麦芽糖やブドウ糖の検出に**用いられる。

(2) 実験からデンプンがなくなったことと糖ができたことはわかるが，対照実験がないので，「だ液によって」「あたためることによって」「時間の経過によって」という部分は確かめられない。

(3) **対照実験**として，だ液以外の条件を同じにした試験管(水2 cm³とデンプン溶液10 cm³を入れる)を準備する。

(4) だ液を入れた試験管 **A** と水を入れた試験管 **C** の結果から，だ液のはたらきでデンプンがなくなったことがわかる。また，だ液を入れた試験管 **B** と水を入れた試験管 **D** の結果から，だ液のはたらきで麦芽糖などが生じたことがわかる。

(5) (a)…**リパーゼは脂肪**を分解し，**トリプシンは****タンパク質**を分解する。

(b)…ショ糖は複数のブドウ糖が結びついたもの，麦芽糖は2つのブドウ糖が結びついたものである。

(c)…大腸は水分を吸収し，**腎臓は血液中の尿****素などの不要な物質をとり除く。**

3 (1) エ

(2) ウ

(3) ア

解説 (1) 心室が収縮すると，血液は**右心室から肺動脈**，**左心室から大動脈**へ送り出される。

(2) 赤血球(ヘモグロビン)や血小板は，毛細血管からしみ出すことはできない。

(3) 血液中の**有害なアンモニアは**，**肝臓で害の少ない尿素に変えられる**ので，尿素は肝臓を通過した血液に多くふくまれる。

4 (1) (例)酸素の多いところでは酸素と結びつき，酸素の少ないところでは酸素をはなす性質。

(2) 70 秒

(3) エ

(4) (例)酸素を使って栄養分からとり出されるエネルギーが，より多く必要になるから。

解説 (1) ヘモグロビンは，**酸素の多い肺胞で酸素と結びつき**，**酸素の少ない全身の細胞で酸素をはなす**。

(2) 心臓の拍動数は1分につき75回なので，1分間に左心室から送り出される血液は，64 cm³×

75＝4800 cm³ より，1秒間に 4800 cm³÷60 ＝80 cm³ 送り出される。5600 cm³ の血液が心臓の左心室から送り出されるのにかかる時間は，$1 \text{ s} \times \dfrac{5600 \text{ cm}^3}{80 \text{ cm}^3} = 70 \text{ s}$

(3) **ブドウ糖は**，**小腸の柔毛の毛細血管から吸収される**ので，小腸を通過した血液に最も多くふくまれる。

(4) 筋肉を収縮させるには，多くのエネルギーを必要とする。より多くのエネルギーを得るため，細胞呼吸に使われる酸素が多く必要になる。

{P.100}

4 動物の分類・進化

1 ウ

解説 地球上に最初に現れた脊椎動物は**魚類**で，水中で生活していた。魚類の中から陸上で生活できる**両****生類**が現れた。やがて，両生類の中から乾燥にたえられるしくみをもった**は虫類や哺乳類**が進化した。さらに，は虫類のあるものから**鳥類**が進化した。

2 (1) ア

(2) ①…えら

②…肺　③…皮膚(②，③は順不同)

解説 (1) 体表が**節のある外骨格**におおわれているのは，**節足動物**に共通する特徴である。イカ(**イ**)，マイマイ(**ウ**)，アサリ(**エ**)は軟体動物である。

(2) イモリとサンショウウオ(**z**)はどちらも**両生類**で，**子はえらと皮膚**，**親は肺と皮膚で呼吸**する。(**x**)には「えらで呼吸する」，(**y**)には「肺で呼吸する」が入る。

3 (1) ウ

(2) 外骨格

(3) ウ

(4) A…卵生

X…トカゲ，イモリ，フナ，スズメ

B…胎生

Y…ネズミ(A・X と B・Y は順不同)

解説 トカゲはは虫類，イモリは両生類，フナは魚類，ネズミは哺乳類，スズメは鳥類である。

(1) **地球上に最初に現れた脊椎動物は魚類**で，**魚****類の中から陸上で生活できる両生類が進化**した。やがて，**両生類の中から乾燥にたえられるは虫****類や哺乳類が進化**した。さらに，**は虫類の中から鳥類が進化**したと考えられている。

19

(3) **細胞呼吸**を説明している文章を選ぶ。
(4) **魚類，両生類，は虫類，鳥類は卵生，哺乳類は胎生**である。

4 (1) 外とう
(2) ①…イ　②…エ
(3) R
(4) (例)形やはたらきは異なっていても，基本的なつくり

解説 (2) **図1**のコウモリは哺乳類，ニワトリは鳥類，トカゲはは虫類である。は虫類は，肺で呼吸し，体表はうろこやこうらでおおわれている。
(3) **哺乳類だけが胎生**で，ほかの動物は卵生である。
(4) **相同器官**は進化の証拠と考えられていて，相同器官の形やはたらきは，それぞれの生活環境に適応している。

{P.104}

5 植物の分類

1 (1) ②…エ
④…ウ
(2) A…ア　B…ウ　C…イ
(3) オ

解説 (1) ゼニゴケはコケ植物，タンポポは被子植物の双子葉類，スギナはシダ植物，イチョウは裸子植物，イネは被子植物の単子葉類。スギナ，ゼニゴケ以外は種子植物なので，①には「種子をつくる」があてはまる。タンポポ，イネは被子植物，イチョウは裸子植物なので，②には「子房がある」があてはまる。**シダ植物は葉，茎，根の区別があるが，コケ植物は葉，茎，根の区別がない**ので，③には「葉，茎，根の区別がある」があてはまる。**双子葉類は子葉が2枚，単子葉類は子葉が1枚**なので，④には「子葉が2枚ある」があてはまる。
(2) **A**には被子植物の双子葉類(タンポポ)，**B**には被子植物の単子葉類(イネ)，**C**には裸子植物(イチョウ)が入る。
(3) **ア**(花弁はつながっている)は合弁花類(被子植物の双子葉類)，**イ**(葉脈は平行に通る)は単子葉類(被子植物)，**ウ**(雄花に花粉のうがある)は裸子植物，**エ**(維管束がある)は種子植物とシダ植物にあてはまる特徴である。

2 (1) 柱頭
(2) ア
(3) ①…葉，茎，根(順不同)
②…からだの表面
(4) (例)胚珠が子房の中にあるかどうかという基準。

解説 (2) **図2**のキャベツの葉脈は網の目のよう(**網状脈**)なので，キャベツは**双子葉類**である。**双子葉類の茎の維管束は輪のように並び(A)，根は主根と側根(C)**からなる。
(3) ゼニゴケなどのコケ植物の根のように見える部分は**仮根**とよばれ，**からだを岩などに固定する**役目をしている。
(4) マツはサクラやキャベツと同じ種子植物であるが，サクラとキャベツは**胚珠が子房の中にある被子植物**のなかまで，マツは**子房がなく，胚珠がむき出しの裸子植物**のなかまである。

{P.107}

6 感覚と運動のしくみ

1 (1) ①…レンズ…ウ
網膜…エ
②…エ
(2) イ

解説 (1) **ア**は角膜，**イ**は虹彩，**ウ**はレンズ，**エ**は網膜である。網膜には光の刺激を受けとる細胞がある。
(2) うでを曲げるときは，筋肉**A**は縮み，筋肉**B**はゆるむ。うでをのばすときは，筋肉**B**は縮み，筋肉**A**はゆるむ。

2 ウ

解説 **X**は鼓膜，**Y**はうずまき管である。**鼓膜は空気の振動をとらえ**，耳小骨を通してうずまき管に振動を伝える。**うずまき管には感覚細胞があり**，振動の刺激を信号に変え，聴神経を通して脳へ送る。

3 (1) 0.26秒
(2) 運動神経
(3) B，C，A，C，D
(4) 反射
(5) (例)(外界からの刺激の信号が，)脳に伝わらず，脊髄から直接筋肉に伝わるから。
(6) イ

解説 (1) 6人の人に伝わるまでに1.56秒かかったので，1人の人が手をにぎられてから隣の人の手をにぎるまでにかかった時間の平均は，$\frac{1.56\,\mathrm{s}}{6}=0.26\,\mathrm{s}$
(3) 皮膚(**B**)からの刺激の信号は，感覚神経を通り

脊髄（**C**）を経て脳（**A**）に伝えられる。脳からの命令の信号は，脊髄（**C**）を経て運動神経を通り筋肉（**D**）に伝えられる。

(4)(5)**反射**では，感覚器官が受けとった刺激の信号が感覚神経を経て脊髄に伝えられると，**脊髄から直接，命令の信号が出される**。その信号が運動神経を通って筋肉に伝えられ，反応が起こるので，意識して起こる反応よりも，**刺激を受けてから反応するまでの時間が短い**。

{P.110}

7 （ 生物と細胞 ）

1 細胞壁

解説 細胞壁は植物の細胞にしか見られない。

2 葉緑体

解説 葉が緑色をしているのは，細胞に葉緑体がふくまれているためである。

3 ア

解説 ミジンコは多細胞生物で，節足動物の甲殻類のなかまである。

4 ①…記号…ウ　名称…核
　　②…記号…エ　名称…葉緑体

解説 **ア**は細胞壁，**イ**は細胞膜，**ウ**は核，**エ**は葉緑体である。植物細胞にしか見られないのは，**細胞壁，葉緑体，発達した液胞**である。

5 単細胞生物

6 (1) イ，エ
　　(2) ①…器官
　　　②…組織

解説 (1) **ア**は細胞壁，**ウ**は葉緑体について述べた文である。核には，**酢酸オルセイン溶液などの染色液**によく染まる**染色体**がふくまれている（**イ**）。染色体は DNA とタンパク質からできている（**エ**）。

(2) **形やはたらきが同じ細胞が集まって組織**になり，いくつかの種類の組織が集まって**特定のはたらきをもつ器官**がつくられる。

8 （ 生物の観察・観察器具の使い方 ）

1 (1) ア
　　(2) エ

解説 (1) ルーペは**目に近づけて持つ**。タンポポの花のように手に持って**動かせるもの**を観察するときは，**観察するものを前後に動かして**，よく見える位置で観察する。樹木の幹のように手に持って**動かせないもの**を観察するときは，**顔を前後に動かして**，よく見える位置で観察する。

(2) スケッチをするときは，細い線と小さな点ではっきりとかき，**線を二重にしたり，影をつけたりしない**。

2 (1)（例）カバーガラスとスライドガラスの間に空気の泡ができないから。

(2) イ，ア，エ，ウ

解説 (1) カバーガラスとスライドガラスの間に空気の泡が入ると観察しにくくなるので，カバーガラスの端を水につけ，ピンセットを使って片方から静かにカバーガラスをかぶせる。

(2) ピントを合わせるときは，対物レンズとプレパラートがぶつからないように，対物レンズとプレパラートを遠ざける向きへ調節ねじを回す。

3 ①…ウ
　　②…ウ

解説 ①…高倍率では視野がせまくなるので，高倍率にする前に **P** の部分を中央に移動する。

②…**P** の部分を動かしたい向きとは反対の向きにプレパラートを動かす。

4 ウ，ア，エ，イ

解説 双眼実体顕微鏡で観察するときの手順は，接眼レンズの幅を目の幅に合わせる→粗動ねじで鏡筒を固定→微動ねじで右目のピントを合わせる→視度調節リングで左目のピントを合わせる。

{P.119}

1 （気象観測・空気中の水蒸気の変化）

1 68%

解説 乾球の示す温度と湿球の示す温度の差は，10.0℃ －7.5℃＝2.5℃より，下のようにして読みとる。

		乾球の示す温度と湿球の示す温度の差〔℃〕					
		0.0	0.5	1.0	1.5	2.0	2.5
乾球の示す温度〔℃〕	13	100	94	88	82	77	71
	12	100	94	88	82	76	70
	11	100	94	87	81	75	69
	10	~~100~~	~~93~~	~~87~~	~~80~~	~~74~~	⑥⑧

2 (1) 1.2 N
(2) ウ

解説 (1) 床を押す力は，物体 **A** は $1\,N\times\dfrac{40\,g}{100\,g}=0.4\,N$，物体 **B** は $1\,N\times\dfrac{120\,g}{100\,g}=1.2\,N$ である。よって，物体 **A** 3個では，$0.4\,N\times3=1.2\,N$

(2) 圧力〔Pa〕＝ $\dfrac{\text{力の大きさ〔N〕}}{\text{力がはたらく面積〔m}^2\text{〕}}$，$1\,cm^2$
＝$0.0001\,m^2$ より，**図1** のとき，床におよぼす圧力は，物体 **A** は $\dfrac{0.4\,N}{4\times0.0001\,m^2}=1000\,Pa$，物体 **B** は $\dfrac{1.2\,N}{16\times0.0001\,m^2}=750\,Pa$　**図2** のとき，床を押す力の大きさは**図1**の3倍になるので，物体 **A** が床におよぼす圧力は，$1000\,Pa\times3=3000\,Pa$　$\dfrac{3000\,Pa}{750\,Pa}=4$ より，物体 **A** 3個が床におよぼす圧力と等しくなるのは，物体 **B** を4個積み上げて置いたときである。

3 (1)

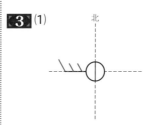

(2) ①…2.7　②…1.2　③…44.1

解説 湿度〔%〕＝ $\dfrac{\text{空気 1 m}^3\text{中にふくまれる水蒸気量〔g/m}^3\text{〕}}{\text{その温度での飽和水蒸気量〔g/m}^3\text{〕}}\times100$

(2) ①…**表1** より，**A** 市の2時の気温は－7℃，湿度は90%である。**表3** より，－7℃の飽和水蒸気量は $3.0\,g/m^3$ なので，**A** 市の2時の空気 $1\,m^3$ 中にふくまれている水蒸気量は，$3.0\,g/m^3\times\dfrac{90}{100}=2.7\,g/m^3$

②…気温−16℃の飽和水蒸気量は 1.5 g/m³ なので，2.7 g/m³−1.5 g/m³＝1.2 g/m³ の水滴が生じる。

③…空気 1 m³ 中にふくまれる水蒸気量は 1.5 g/m³ のままで，気温が−5℃になると飽和水蒸気量が 3.4 g/m³ に増加する。$\dfrac{1.5\ \text{g/m}^3}{3.4\ \text{g/m}^3}×100＝44.11…$ より，湿度は 44.1％である。

4 (1) ウ
(2) ①…標高…1100 m
　　　　温度…2℃
　　②…34.4 %

解説 (2) ①…地点 **A** での空気 1 m³ 中にふくまれる水蒸気の量は，$13.6\ \text{g/m}^3×\dfrac{50}{100}＝6.8\ \text{g/m}^3$ より，この空気の露点は 5℃。露点に達するまでに，空気の温度は，16℃−5℃＝11℃下がっている。よって，露点に達する地点の標高は，$100\ \text{m}×\dfrac{11℃}{1℃}＝1100\ \text{m}$　標高 1100 m の地点から標高 1700 m の山頂に達するまでに，空気のかたまりの温度は $0.5℃×\dfrac{1700\ \text{m}−1100\ \text{m}}{100\ \text{m}}＝3℃$ 下がる。よって，山頂での空気のかたまりの温度は，5℃−3℃＝2℃

②…山頂での気温 2℃の空気 1 m³ 中にふくまれる水蒸気量は 5.6 g/m³。空気のかたまりが地点 **B** に到達するまでに温度が $1℃×\dfrac{1700\ \text{m}}{100\ \text{m}}＝17℃$ 上がり，2℃＋17℃＝19℃になる。したがって，地点 **B** での湿度は，$\dfrac{5.6\ \text{g/m}^3}{16.3\ \text{g/m}^3}×100＝34.35…$ より，34.4%

{P.123}

2 地球の運動と天体の動き

1 (1) (星座の星の)日周運動
(2) E

解説 (1) 星だけでなく，太陽の 1 日の動きも太陽の日周運動という。**日周運動は，地球の自転による見かけの動きである。**
(2) **星は 1 時間に約 15°動いて見える。** よって，4 時間後には，15°×4＝60°反時計回りに動いて見えるので，**E** の位置にある。

2 (1) イ
(2) エ

解説 (1) **地軸の北極側が太陽の方向に傾いている地球の位置(ア)が夏至，太陽と反対方向に傾いている地球の位置(ウ)が冬至である。イは春分，エは秋分の地球の位置である。**
(2) 地球だけでなく，月の**自転と公転**も，地球の北極側から見ると**反時計回り**である。

3 (1) 太陽の動き…c
　　地球の位置…A
(2) エ
(3) ウ
(4) ウ

解説 (1) **太陽の南中高度は，夏至のときに最も高く，冬至のときに最も低いので，図1 の a は冬至，b は春分・秋分，c は夏至のときの太陽の動きを表している。図2 の A は夏至，B は秋分，C は冬至，D は春分のときの地球の位置を表している。**
(2) **日没直後の東の空に見られるのは，** 地球をはさんで**太陽と反対側にある星座(おうし座)である。**
(3) 星は 1 年で 360°移動して見えるので，**1 か月に約 30°西へ移動して見える。**
(4) **南半球では，太陽や星は東から出て北の空を通り西へ沈み，** 真北の空にあるときに最も高くなる。

4 (1) (a)…Q　　(b)…S
(2) ア，イ
(3) (a)…53　(b)…22　(c)…Y

解説 (1) (**a**)…**太陽は東から西へ**動くように見えるので，**棒の影は西から東へ動いていく。**
(**b**)…秋分から 3 か月後は冬至に近いので，太陽の南中高度は秋分のときよりも低く，棒の影は長くなる。
(2) 右の図のように，太陽の南中高度が 45°になると，南中時に棒の長さと影の長さが等しくなる。地点 **X** の南中高度は，

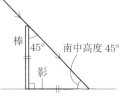

春分：90°−37°＝53°
夏至：90°−37°＋23.4°＝76.4°
秋分：90°−37°＝53°
冬至：90°−37°−23.4°＝29.6°
南中高度が 45°になる日がふくまれる期間は，秋分から冬至，冬至から春分である。
(3) (**a**)…(2)から，地点 **X** の秋分の南中高度は 53°である。

(b)…太陽光が垂直に当たるためにはソーラーパネルの角度を90度−53度＝37度にする。よって，37度−15度＝22度大きくする。

(c)…地点 Y の秋分の南中高度は，90度−40度＝50度より，ソーラーパネルと地面のなす角は，90度−50度＝40度

3 大地の変化

1 (1) 示相化石　(2) オ

解説 (1) **示相化石**には，**ある限られた環境で生存する生物の化石**が適している。

(2) **凝灰岩**は，火山の噴火によって噴出した**火山灰などが堆積したあと固まったもの**で，流水の影響を受けないため，**粒が角ばっている（A）。石灰岩**は，**うすい塩酸をかけるととけて二酸化炭素が発生**する（B）。**チャート**は，鉄のハンマーでたたくと鉄がけずれて火花が出るほど**かたく**（C），塩酸をかけてもとけない。

2 (1) (例)（地層 Q〜S の岩石にふくまれる粒は，）流水によって運搬されたことで，丸みを帯びた形となっている。

(2) ①…ア　②…エ

解説 (1) **れき岩や砂岩，泥岩をつくる粒**は，流水によって運搬される間にたがいにぶつかり合うなどして角がけずられて**丸みを帯びている**。

(2) **アンモナイトは中生代，ビカリアは新生代の示準化石**である。一般に，**地層は上にあるものほど新しい**。地層 R からアンモナイトの化石が見つかったので，ビカリアの化石が見つかったのは地層 R よりも上にある地層 Q である。

3 (1) ①…堆積岩　②…チャート

(2) (例)下から泥，砂，れきの順に粒が大きくなっていったことから，水深がしだいに浅くなった。

(3)

解説 (1) ①…**等粒状組織をもつのは深成岩，斑状組織をもつのは火山岩**なので，このような組織が確認できなかったことから，岩石 X は火成岩ではないと考えられる。

②…**かたくて，うすい塩酸をかけても変化が見られなかった**ことから，岩石 X はチャートと考えられる。

(2) **小さい粒ほど沈みにくく，河口から遠くの水深の深いところまで運ばれる。**

(3) 凝灰岩の層の上面の標高は，地点 A は 110 m−30 m＝80 m，地点 B は 120 m−40 m＝80 m，地点 C は 90 m−20 m＝70 m なので，東西方向には傾いていないが南北方向には傾いていて，南の方が低くなっている。地点 D の凝灰岩の層の上面の標高は地点 C と同じ 70 m になるので，地表からの深さは 100 m−70 m＝30 m で，層の厚さは 10 m である。

4 (1) 示準化石

(2) ①…エ

②…(例)流水によって運ばれたから。

③…1.4 km

解説 (1) **示準化石**には，**限られた時代だけに広い範囲に生存した生物の化石**が適している。

(2) ①…岩石をつくる粒の大きさが 2 mm 以上のものをれき岩，$\frac{1}{16}$ mm〜2 mm のものを砂岩，$\frac{1}{16}$ mm 以下のものを泥岩という。

③…火山灰の層の上面の標高を比べると，A 地点は 38 m−9 m＝29 m，B 地点は 40 m−8 m＝32 m，C 地点は 50 m−11 m＝39 m である。A 地点から B 地点までの水平距離が 0.6 km のとき，標高が 32 m−29 m＝3 m 高くなっている。地層は一定の傾きをもって平行に積み重なっているので，B 地点から C 地点までの水平距離が x のときに標高が 39 m−32 m＝7 m 高くなるとすると，0.6 km：3 m＝x：7 m　x＝1.4 km

4 太陽・月・惑星

1 (1) ウ

(2) (例)まわりに比べて温度が低いから。

解説 (1) 黒点は，太陽の自転にともなって移動する。

(2) 黒点の温度は約 4000 ℃，まわりの温度は約 6000 ℃である。

2 (1) 衛星

(2) D

(3) (例)太陽，地球，月の順に一直線に並び，月が地球の影に入る現象。

解説 (2) 月がDの位置にあるときは新月になるが，**太陽，月，地球が一直線に並んだ場合**に限り，太陽が月にかくされる**日食**が起こる。

(3) 月がBの位置にあるときは満月になるが，**太陽，地球，月が一直線に並んだ場合**に限り，月が地球の影に入る**月食**が起こる。

3 (1) 月の位置…A　金星の位置…c

(2) エ

(3) エ

(4) G

解説 (1) 明け方には太陽がある方向が東になるので，真南にある月の位置はAである。金星がbの位置にあるときは地球から見ることができないので，東の空にある金星の位置はcになる。

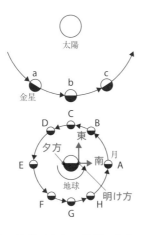

(2) ちょうど1年後には，地球はもとの位置にある。金星が1年で公転する角度は，$360° × \dfrac{1年}{0.62年}$ $=580.6…$より，約$581°$。この日の金星の位置はcよりも$581° - 360° = 221°$反時計回りに公転した位置にあるので，太陽の左側にある。よって，金星は，夕方，西の空に見られる。

(3) 月がAの位置にあるときは下弦の月，Cの位置にあるときは新月になるので，2日後には月の形は2日前より欠けている。月が地球のまわりを公転しているので，**同じ時刻に見える月の位置は西から東へ移動**して見える。

(4) **月食**が起きるとき，**太陽−地球−月**の順に一直線に並んでいる。

4 (1) エ

(2) オ

(3) エ

解説 (1) **ア**…金星の公転周期は，地球の公転周期よりも**短い**。

イ…地球の北極の上方から見ると，月は地球のまわりを**反時計回り**に公転している。

ウ…太陽，月，地球の順に，一直線に並ぶとき，**日食**が起こる。

(2) ①…金星の欠け方が最も大きいのは**B，C**で，**D**は金星の欠け方が最も小さい。

②…**B**の方が**D**よりも地球に近いので，**B**の方が大きく見える。

③…**C**の方が**A**よりも地球に近いので，**C**の方が**A**よりも大きく欠けて見える。

④…**A**と**B**では，夕方の西の空で金星が観測できる。

(3) 太陽が沈んでから金星が沈むまでの時間は，**B**の位置にあるときの方が短い。よって，日没直後の金星の位置は，**B**の位置に金星があるときの方が**A**の位置に金星があるとき(図2)よりも低い。また，月は太陽の光を受けてかがやいているので，太陽のある西側がかがやいている。

{P.135}

5 大気の動きと日本の天気

1 (例)気圧の低下により海水面が吸い上げられることで発生する。(または，「強風で海水が陸にふき寄せられることで発生する。」)

解説 台風の中心付近は気圧の傾きが大きく，中心に向かって強い風がふくため，中心付近では強い上昇気流が生じ，海水面が吸い上げられる。

2 (1) ①…エ　②…(a)…エ　(b)…イ

(2) (例)陸は海よりあたたまりやすいので，ユーラシア大陸では上昇気流が発生して，気圧が低くなりやすいから。

解説 (1) ①…前線XYは停滞前線(梅雨前線)である。前線XYの北側に温暖前線の記号，南側に寒冷前線の記号をかく。

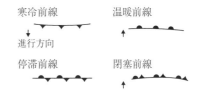

②…前線XYの北側にある気団は**オホーツク海気団**で，北にあるので**冷たく**，海上にあるので**しめっている**。南側にある気団は**小笠原気団**で，南にあるので**あたたかく**，海上にあるので**しめっている**。

(2) 陸は海よりもあたたまりやすく，冷めやすいので，**夏は太平洋上に高気圧(太平洋高気圧)ができて**風がふき出し，大陸上に上昇気流が発生するため，気圧が低くなる。**冬は大陸上に高気圧(シベリア高気圧)ができて**風がふき出し，太平洋上に上昇気流が発生する。

3 (1) ①…1012 hPa　②…停滞前線　③…ウ
(2) ①…(例)温度が高く，湿度が高い。
②…(例)小笠原気団が発達しているから。(または，「小笠原気団が日本列島をおおっているから。」)

解説 (1) ①…日本列島の南にある 1000 hPa の太い等圧線より等圧線 3 本分気圧が高いので，1000 hPa＋4 hPa×3＝1012 hPa
③…台風の中心に向かって反時計回りに風がふきこむ。北半球では，**低気圧の中心の方向ではなく，右に傾いた方向に風がふく。**
(2) ①…**小笠原気団**は南にあるので**温度が高く**，海上にあるので**湿度が高い。**
②…台風は，最初は北西に向かって進み，その後，**小笠原気団(太平洋高気圧)のふちに沿って，**北東に向かって進むことが多い。

4 (1) エ
(2) ア
(3) (例)(水の方が砂に比べて)あたたまりにくく，冷めにくい。
(4) ウ

解説 (1) **図2** で，日本列島は太平洋からはり出してきた高気圧におおわれ，**南高北低の気圧配置**になっているので，**夏の天気図**。アは梅雨，イは太平洋側の冬，**ウは春・秋の天気の特徴。**
(2)(3) **砂の方が水よりもあたたまりやすく，冷めやすい。**このため，日光が当たると砂の温度が水の温度よりも高くなるので，砂の上の空気はあたためられ，密度が小さくなって上昇し，水の上の方へ移動する。水の上の空気は冷やされて密度が小さくなって下降し，砂の上の方へ移動する。
(4) **陸は海よりもあたたまりやすく，冷めやすい。**このため，冬には大陸の方が海洋よりも温度が低くなり，大陸上に冷たい大気のかたまりができる。冷たい空気は密度が大きいので地表付近は高気圧(**シベリア高気圧**)になる。この高気圧から日本を通って海洋上の低気圧に向かう季節風がふく。

{P.139}

6 大気の動きと天気の変化

1 (例)小さく**密度が大きくなる**

解説 同じ質量で比べると，温度が低い空気は温度が高い空気よりも体積が小さくなるので，密度が大きくなる。よって，下降気流が生じ，高気圧の中心から風がふき出す。

2 (1) ア
(2) 13 日…イ　14 日…ア　15 日…ウ

解説 (1) 神戸市の西にある太い等圧線は 1020 hPa，東にある等圧線は 1016 hPa より，神戸市の標高 0m 地点の気圧は，1016 hPa より大きく，1020 hPa より小さい。
(2) アは，**日本海上に低気圧があり，**この低気圧に向かって南寄りの風がふきこんでいる。この風が春一番である。
イは，等圧線のようすから神戸市付近の風向は西と考えられる。
ウは，**南北にのびる等圧線の間隔がせまくなっている**ので，**冬型の気圧配置**が強まったと考えられる。

3 (1) 偏西風
(2) ウ

解説 (1) **偏西風**は，中緯度帯の上空を**西から東に向かってふく風**で，地球を 1 周している。
(2) 寒冷前線付近では，寒気が暖気を急激にもち上げるため，**積乱雲が発達し，強い雨が短時間に降る。**また，前線が近づくにつれ気圧が下がり，前線通過後に気圧が上がる。また，前線通過後は寒気におおわれるため，**気温が下がる。**

4 (1) くもり
(2) 温帯低気圧
(3) 温暖前線
(4) ア
(5) ウ
(6) イ
(7) エ

解説 (4) ①…**気体の温度が高いほど，**粒子の間隔が広くなるので，**体積が大きくなる。**
②…密度〔g/cm³〕＝$\frac{質量〔g〕}{体積〔cm^3〕}$より，**体積が大きいほど密度は小さくなる。**

③・④…密度が小さい暖気は上へ，密度が大きい寒気は下へ移動する。

(5) 温暖前線付近では，**暖気が寒気の上にはい上がっていくので**，前線面の傾きはゆるやかである。

(6) 温暖前線が通過すると，**南寄りの風がふき**，暖気におおわれて**気温が上がる**。

(7) 北半球では，**高気圧の中心から時計回りに風がふき出す**。

{P.143}

7 火をふく大地

1 (1) ①…(例)多く
② …ねばりけ
(2) ア

解説 (1) ①…袋 **B** から押し出されたマグマのモデルは袋 **A** から押し出されたマグマのモデルよりも傾斜がゆるやかになるようにするので，小麦粉に加える水の量を袋 **A** よりも多くする。
②…水の量が多いほどねばりけが弱くなるので，押し出されたマグマのモデルは横に流れやすくなる。

(2) **マグマのねばりけが弱いと，溶岩をおだやかにふき出す噴火になり，マグマのねばりけが強い**と，溶岩が流れにくく，**爆発的な激しい噴火になる**ことが多い。マグマの**ねばりけが弱い火山の火山噴出物は黒っぽく，マグマのねばりけが強い火山の火山噴出物は白っぽい**。

2 (1) 12
(2) ①…イ ②…エ
(3) ①…ア ②…ウ

解説 (1) 表の中で有色鉱物は輝石と角セン石なので，有色鉱物の粒の数の割合は，7％＋5％＝12％

(2) ①…花こう岩は**深成岩**なので，火成岩 **C** のような**等粒状組織**をもつ。
②…地表で見られる**深成岩**は，**マグマが地下深くでゆっくり冷えて固まった**あと，土地の隆起などによって地表に現れたものである。

(3) ①…盛り上がった形をした火山のマグマは，**ねばりけが強く，激しく爆発的な噴火を起こす**。
②…**ねばりけの強いマグマ**は，石英や長石などの無色鉱物を多くふくむため，生じた火山灰や岩石の色は**白っぽい**。

3 (1) 活火山
(2) ①…イ ②…エ
(3) (a)…石基
(b)…斑状
(4) ウ

解説 (2) ①…火山灰が火山 **P** の西側に比べて東側に厚く降り積もったので，風は西から東へ向かってふいていたと考えられる。
②…**石灰岩は生物の死がいや水にとけていた成分(炭酸カルシウム)が堆積してできたものである**。

(4) 地下深いところは地表よりも温度が高いので，マグマが地下深くにあるときはゆっくり冷やされて鉱物の結晶が成長する。その**マグマが地表や地表付近まで上昇すると，急に冷やされて，**鉱物の結晶(**X**)のまわりをとり囲むように，**とても小さい鉱物や結晶ではないガラス質の部分(Y)ができ，斑状組織**になる。

{P.147}

8 ゆれる大地

1 (1) 初期微動
(2) 15 時 9 分 50 秒
(3) X…32 Y…54
(4) ①…ア ②…エ
(5) エ

解説 (1) **はじめの小さなゆれを初期微動，あとから始まる大きなゆれを主要動**という。P 波が到着すると初期微動，S 波が到着すると主要動が始まる。

(2) P 波は 240 km－160 km＝80 km 進むのに，15 時 10 分 20 秒－15 時 10 分 10 秒＝10 s かかるので，P 波の速さは，$\dfrac{80\ km}{10\ s}$＝8 km/s
P 波が震源から地点 **B** に到着するのにかかった時間は，$\dfrac{160\ km}{8\ km/s}$＝20 s 地震が発生した時刻は，15 時 10 分 10 秒－20 秒＝15 時 9 分 50 秒

(3) X…S 波は，80 km 進むのに，15 時 10 分 50 秒－15 時 10 分 30 秒＝20 s かかるので，S 波の速さは，$\dfrac{80\ km}{20\ s}$＝4 km/s S 波が震源から地点 **A** に到着するのにかかった時間は，15 時 9 分 58 秒－15 時 9 分 50 秒＝8 s 地点 **A** の震源からの距離は，4 km/s×8 s＝32 km
Y…P 波が震源から地点 **A** に到着するのにかかった時間は，$\dfrac{32\ km}{8\ km/s}$＝4 s よって，地点 **A** に P 波が到着した時刻は，15 時 9 分 50 秒＋4 秒＝15 時 9 分 54 秒

(4) **マグニチュード**は**地震の規模**を表し，マグニチュードが大きい地震ほどゆれる範囲が広く，震度が大きくなる。

(5) 海溝付近では，**大陸プレートの下に沈みこむ海洋プレートが大陸プレートを引きずりこみ，大陸プレートにひずみが生じる。**大陸プレートのひずみが限界になると，大陸プレートの先端がはね上がってもとにもどるときに地震(**海溝型地震**)が起こる。

2 (1) 液状化

(2) ①…4 km/s

②…

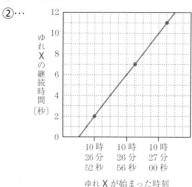

時刻…10 時 26 分 50 秒

(3) 18 秒後

解説 (2) ①…ゆれ**Y**を伝える波は，56 km−16 km＝40 km 伝わるのに，10 時 27 分 04 秒−10 時 26 分 54 秒＝10 s かかるので，速さは，$\frac{40\ km}{10\ s}$＝4 km/s

②…ゆれ**X**の継続時間は，**B**地点は 10 時 26 分 54 秒−10 時 26 分 52 秒＝2 s，**C**地点は 10 時 27 分 04 秒−10 時 26 分 57 秒＝7 s，**D**地点は 10 時 27 分 12 秒−10 時 27 分 01 秒＝11 s グラフで，ゆれ**X**の継続時間が 0 秒のときのゆれ**X**が始まった時刻が，地震が発生した時刻となる。

(3) ゆれ**X**を伝える波は，40 km 伝わるのに，10 時 26 分 57 秒−10 時 26 分 52 秒＝5 s かかるので，速さは，$\frac{40\ km}{5\ s}$＝8 km/s 地震が発生してから，震源距離が 80km の地点でゆれ**X**が始まるまでにかかった時間は，$\frac{80\ km}{8\ km/s}$＝10 s より，ゆれ**X**が始まった時刻は，10 時 26 分 50 秒＋10 秒＝10 時 27 分 00 秒で，緊急地震速報が伝わった時刻は 10 時 27 分 04 秒。よって，**E**地点で，緊急地震速報が伝わってからゆれ**Y**が始まるまでの時間は，10 時 27 分 22 秒−10 時 27 分 04 秒＝18 s

3 (1) ア

(2) ①…イ

②…6.1 km/s

解説 (1) ユーラシアプレートと北アメリカプレートは大陸プレート，フィリピン海プレートと太平洋プレートは海洋プレートである。**海洋プレートは大陸プレートの下に沈みこんでいる。**

(2) ①…P 波が観測されるまでの時間が④の地点に最も近く，⑦の 2 つの地点からほぼ同じ距離にあり，さらに⑧の 2 つの地点ともほぼ同じ距離にある地点を探す。

②…震源から 73.5 km 離れた地点**A**で S 波が観測されたのは，地震が発生してから $\frac{73.5\ km}{3.5\ km/s}$＝21 s 後である。緊急地震速報が発表されたのは地震が発生してから 21 s−12 s＝9 s 後なので，地点**A**で P 波が観測されたのは地震が発生してから 9＋3＝12 s 後である。よって，P 波の伝わる速さは，$\frac{73.5\ km}{12\ s}$＝6.125 km/s より，約 6.1 km/s

環境分野

{ P.154 }

1 (自然の中の人間)

◢1◣ 人間

解説 外来生物は，人間によって意図的に持ちこまれたものだけでなく，荷物などにまぎれこんで運ばれるものもいる。

◢2◣ (1) 記号…A
理由…(例)微生物がデンプンを分解したから。
(2) (例)動物は有機物をとり入れることが必要であるが，有機物をつくることができるのは生産者だけだから。

解説 (1) 液を沸騰させた試験管 B の微生物は死滅しているので，デンプンは分解されないため，試験管 B 内の液の色は青紫色に変化する。
(2) 動物などの消費者は，有機物をつくり出すことができないので，ほかの生物から有機物を得ている。

◢3◣ (1) 消費
(2) ①…イ ②…ウ
(3) 記号…A
カビ…菌類
(4) 肉食動物…K
数量の変化…イ

解説 (1) 動物のように，**ほかの生物から有機物を得ている生物を消費者**という。

(2) ①…**無機物の二酸化炭素と水から有機物のデンプンなどをつくり出す植物のはたらきを光合成**という。
②…植物は，大気中の二酸化炭素をとり入れて光合成を行う。
(3) 記号…植物や B，C からの矢印が向かう A が菌類・細菌類である。植物をとり入れる B は草食動物，草食動物(B)をとり入れる C は肉食動物である。
カビ…菌類には，カビやキノコがふくまれる。
(4) 肉食動物…食物連鎖のはじまりの植物が最も数量が多く(L)，食物連鎖の上位にある肉食動物が最も数量が少ない(K)。
数量の変化…草食動物の数量が急激に減ると，食べられる数量が減少するため植物(L)の数量はふえ，食べ物が減少するため肉食動物(K)の数量は減る。

{ P.157 }

2 (科学技術と人間)

◢1◣ ①…イ ②…エ

解説 ①…ダムにためた水は**高い位置にあるので，位置エネルギー**をもっている。
②…ダムから流れ出した水が水車を回し，発電が行われるので，**水のもつ位置エネルギーは運動エネルギーに変換**されている。

◢2◣ エ

解説 ①…物質がもともともっているエネルギーを**化学エネルギー**という。
②…燃焼によって，燃料のもつ化学エネルギーは熱エネルギーに変換される。
③…水蒸気がタービンを回転させて発電するので，タービンのもつ運動エネルギーは電気エネルギーに変換される。

◢3◣ エ

解説 ア…放射線は目に見えない。
イ…**ウランは核燃料**(放射性物質)である。放射線の種類には，α 線，β 線，γ 線，X 線，中性子線などがある。
ウ…放射線は，身のまわりの岩石や食物，温泉などからも出ている。また，宇宙から地球に降り注いでいる。

4 (1) (a)…樹脂　(b)…イ　(c)…ア

(2) $\dfrac{100}{3e}$ (cm^3)

(3) T, Z, U, E

解説 (1) (c)ポリエチレンテレフタラートの密度は 1.38
～1.40 g/cm^3 で水の密度(1.0 g/cm^3)よりも大
きいので，水に入れると沈む。実験③より，水
の入ったビーカーに入れたときに沈んだ S がポ
リエチレンテレフタラートであることがわかる。

(2) 水 50.0 cm^3 の質量は，1.0 g/cm^3×50.0 cm^3
=50 g　水とエタノールの質量の比が 3：2 な
ので，エタノールの体積を x cm^3 とすると，エ
タノールの質量は ex g より，

50：ex＝3：2，x＝$\dfrac{100}{3e}$ cm^3

(3) 実験③より，水よりも密度が小さいのは T と U
である。実験④で S～U はすべて沈んだので，
エタノール(E)の密度は T と U よりも小さい(T，
U＞E)ことがわかる。さらに，実験⑤で，U は
浮き，T は沈んだので，液体(Z)の密度は U よ
り大きく，T より小さい(T＞Z＞U)ことがわ
かる。よって，密度の大きい順に，T＞Z＞U
＞E となる。

模擬試験 {P.160}

第 1 回

1 (1) 1780 Pa　　(2) 5 倍　　(3) 8.9 g/cm^3

(4) 1.0 N　　(5) 変わらない。

解説 (1) 直方体にはたらく重力の大きさは，1 N×$\dfrac{890\,\mathrm{g}}{100\,\mathrm{g}}$
=8.9 N　**A** の面積は，5 cm×10 cm=50 cm^2
=0.005 m^2　圧力は，$\dfrac{8.9\,\mathrm{N}}{0.005\,\mathrm{m}^2}$=1780 Pa

(2) **A** の面積は 50 cm^2，**C** の面積は 5 cm×2 cm
=10 cm^2　**C** の面積は **A** の面積の $\dfrac{10\,\mathrm{cm}^2}{50\,\mathrm{cm}^2}$=
$\dfrac{1}{5}$　圧力の大きさは力がはたらく面積に反比例
するので，5 倍になる。

(3) 直方体の体積は，5 cm×10 cm×2 cm=100
cm^3 より，$\dfrac{890\,\mathrm{g}}{100\,\mathrm{cm}^3}$=8.9 g/cm^3

(4) 表より，1 N の力を加えるとばねが 13.0 cm−
12.0 cm=1.0 cm のびる。**図2**のときに，ばね
を引く力の大きさを x とすると，1 N：1.0 cm
=x：7.9 cm　x=7.9 N　よって，直方体が受
ける浮力は，8.9 N−7.9 N=1.0 N

2 (1) CO_2　　(2) エ

(3) ①…(例)酸素と結びつきやすい　②…還元

(4) 1.76 g　　(5) 0.48 g

解説 (4) 炭素の質量と発生した気体の質量の関係は下の
表のようになる。

炭素の質量〔g〕	0.12	0.24	0.36	0.48	0.60
気体の質量〔g〕	0.44	0.88	1.32	1.76	1.76

よって，6.40 g の酸化銅がすべて銅に変わると，
1.76 g の二酸化炭素が発生する。

(5) 0.12 g の炭素を使うと 0.44 g の二酸化炭素が
発生するので，1.76 g の二酸化炭素が発生す
るときの炭素の質量を x とすると，0.12 g：
0.44 g=x：1.76 g　x=0.48 g

3 (1) ①…低い　②…膨張

(2) ①…10℃　②…約 54.3%

解説 (2) ①…地表からの高さが 1000 m の地点での空気
のかたまりの温度は，20℃−1℃×$\dfrac{1000\,\mathrm{m}}{100\,\mathrm{m}}$=
10℃　この温度で雲ができ始めたので，この
空気のかたまりの露点は 10℃である。

②…この空気のかたまり 1 m^3 中には 9.4 g の水
蒸気がふくまれるので，湿度は，$\dfrac{9.4\,\mathrm{g/m}^3}{17.3\,\mathrm{g/m}^3}$×
100=54.33…より，約 54.3%。

4 (1) 対立形質　(2) ①…イ　②…エ
(3) 25 %　　(4) ①…イ　②…ウ　③…オ

解説 (3) 子の遺伝子の組み合わせは Aa なので, 孫の遺
伝子の組み合わせは AA : Aa : aa = 1 : 2 : 1
AA と Aa は丸い種子, aa はしわのある種子に
なるので, しわのある種子の割合は, $\dfrac{1}{1+2+1}$
$\times 100 = 25$ より, 25 %。

(4) 孫の代の丸い種子の遺伝子の組み合わせには,
AA と Aa がある。しわのある種子(aa)をかけ
合わせると, 遺伝子の組み合わせが AA の場合
は, すべて丸い種子(Aa)が生じる。一方, 遺
伝子の組み合わせが Aa の場合は, 丸い種子
(Aa)としわのある種子(aa)が 1 : 1 の割合で生
じる。

5 (1) ア, イ
(2) ①…126 km　②…12 時 10 分 45 秒
(3) 13 秒後

解説 (2) ①…P 波は, 36 km − 18 km = 18 km 進むのに,
12 時 10 分 16 秒 − 12 時 10 分 13 秒 = 3 s かか
るので, P 波の速さは, $\dfrac{18\ km}{3\ s} = 6$ km/s　よっ
て, 地点 **A** でゆれ **X** が始まった時刻は, 地震発
生の $\dfrac{18\ km}{6\ km/s} = 3$ s 後なので, 地震が発生した
時刻は, 12 時 10 分 13 秒 − 3 秒 = 12 時 10 分
10 秒　**C** 地点に P 波が到着したのは, 地震が
発生してから 12 時 10 分 31 秒 − 12 時 10 分
10 秒 = 21 s 後になるので, **C** 地点の震源から
の距離は, 6 km/s × 21 s = 126 km
②…S 波が 18 km 進むのに, 12 時 10 分 20 秒
− 12 時 10 分 15 秒 = 5 s かかるので, S 波の速
さは, $\dfrac{18\ km}{5\ s} = 3.6$ km/s　**C** 地点に S 波が到
着するのは, 地震が発生してから $\dfrac{126\ km}{3.6\ km/s} = 35$
s 後である。よって, ゆれ **Y** が始まった時刻は,
12 時 10 分 10 秒 + 35 秒 = 12 時 10 分 45 秒

(3) 震源からの距離が 90 km の地点に S 波が到着
したのは, 地震が発生してから, $\dfrac{90\ km}{3.6\ km/s} =$
25 s 後。よって, 緊急地震速報が発表されて
から, 25 s − 12 s = 13 s 後にゆれ **Y** が始まる。

{P.164}

模擬試験
第 2 回

1 (1) 右の図　(2) 17%
(3) ①…ウ
　　②…(例)0 ℃の水 100 g
　　にとける塩化ナトリウム
　　の質量は 30 g より大き
　　いから。
　　③…(例)水溶液を加熱して, 水を蒸発させる。

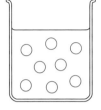

解説 (2) 硝酸カリウムは 10 ℃の水 100 g に約 20 g とけ
るので, $\dfrac{20\ g}{100\ g + 20\ g} \times 100 = 16.6\cdots$ より, 約 17
%

(3) ①…グラフから, 100 g の水にとける硝酸カリウム
の質量が 30 g になるときの水の温度を読みとる。

2 (1) 道管　(2) 気孔
(3) (例)水面からの水の蒸発を防ぐため。
(4) ①…0.85 g　②…0.09 g

解説 (4) **A〜C** で蒸散が行われている部分は, 下の表の
ようになる。

	蒸散が行われている部分	水の減少量〔g〕
A	葉の表, 葉の裏, 葉以外	1.24
B	葉の裏, 葉以外	0.94
C	葉の表, 葉以外	0.39

①…**A**−**C** = (葉の表＋葉の裏＋葉以外)−(葉の
表＋葉以外) = 1.24 g − 0.39 g = 0.85 g
②…**B**＋**C**−**A** = (葉の裏＋葉以外)＋(葉の表＋
葉以外)−(葉の表＋葉の裏＋葉以外) = 0.94 g
＋ 0.39 g − 1.24 g = 0.09 g

3 (1) 黄道　(2) おとめ座
(3) ア　　(4) ア
(5) (例)金星は地球よりも太陽に近いところを公
転しているから。
(6) ①…ア　②…エ
(7) **地球型惑星**…水星, 地球, 火星
(木星型惑星に比べ,) (例)大きさは小さいが,
密度は大きい。

解説 (3) 地球は 1 か月に $360° \times \dfrac{1\ か月}{12\ か月} = 30°$ 公転する
ので, 3 か月後には 30° × 3 = 90° 北極側から見
て反時計回りに公転している。よって, 地球は
いて座と太陽の間にあるので, 真夜中に南の空
に見えるのはいて座である。

(6) ①…地球に近い位置にあるほど, 地球から見え
る金星は大きく見え, 欠け方も大きい。
②…地球から遠い位置にあるほど, 地球から見

える金星は球に近い形に見える。

になり，プロペラが逆向きに回る。

4 (1) 72 cm/s　(2) 16.2 cm　(3) ウ
(4) 等速直線運動　(5) 0.75 N

解説 (1) 台車が動き始めてから④のテープを打点し終わ

るまでにかかった時間は，$1\,s\times\dfrac{6\times4}{60}=0.4\,s$　台

車の移動距離は，$1.8\,cm+5.4\,cm+9.0\,cm+$

$12.6\,cm=28.8\,cm$　台車の平均の速さは，

$\dfrac{28.8\,cm}{0.4\,s}=72\,cm/s$

(2) テープ番号④までは，テープの長さは $12.6\,cm$

$-9.0\,cm=9.0\,cm-5.4\,cm=5.4\,cm-1.8\,cm$

$=3.6\,cm$ ずつ長くなっている。よって，テープ

番号⑤の長さは，$12.6\,cm+3.6\,cm=16.2\,cm$

(3) このとき，斜面に平行な力は，台車にはたらく

重力の斜面に平行な分力だけである。

(5) このときの仕事の量は，$400\,g$ の台車を直接

$15\,cm$ の高さまで持ち上げたときの仕事の量と

同じである。台車にはたらく重力の大きさは，

$1\,N\times\dfrac{400\,g}{100\,g}=4\,N$，$15\,cm=0.15\,m$ より，仕事

の量は，$4\,N\times0.15\,m=0.6\,J$　台車を斜面に

沿って $80\,cm=0.8\,m$ 引き上げたときの台車を

引く力の大きさは，$\dfrac{0.6\,J}{0.8\,m}=0.75\,N$

5 (1) $Mg \rightarrow Mg^{2+} + 2e^-$
(2) マグネシウム，亜鉛，金属X，銅
(3) ＋極　　(4) イ
(5) (例) 小さな穴があいていて，イオンが少しずつ
移動できる。
(6) 逆向きになる。

解説 (2) マグネシウムは亜鉛や銅よりイオンになりやすく，

亜鉛は銅よりイオンになりやすい(マグネシウム

＞亜鉛＞銅)。金属 X は亜鉛よりイオンになり

にくく，銅よりイオンになりやすい(マグネシウ

ム＞亜鉛＞金属 X ＞銅)。

(3)(4) 亜鉛板では，亜鉛原子 Zn が電子を失って亜

鉛イオン Zn^{2+} になり，水溶液中の銅イオン Cu^{2+}

は銅板の表面で電子を受けとって銅原子 Cu に

なるので，電子は導線を通って亜鉛板→銅板へ

と移動する。銅板→亜鉛板の向きに電流が流れ

るので，亜鉛板は－極，銅板は＋極となる。

(5) イオンが仕切りを通過できないと，－極側では

陽イオンの亜鉛イオンが増加し，＋極側では陽

イオンの銅イオンが減少して，電気的なかたよ

りができてしまう。

(6) マグネシウムの方が亜鉛よりイオンになりやす

いので，マグネシウム板が－極，亜鉛板が＋極